Die Deutsche Schachmeisterschaft in Bad Aachen 1934

Herausgegeben

im Auftrage des Großdeutschen Schachbundes

von

Alfred Brinckmann

Mit einem Vorwort von

Bundesschachwart Ehrhardt Post

Berlin und Leipzig

Walter de Gruyter & Co.

vormals G. J. Göschen'sche Verlagshandlung - J. Guttentag, Verlagsbuchhandlung - Georg Reimer - Karl J. Trübner - Veit & Comp.

1 9 3 4

Archiv-Nr. 53 23 34

Printed in Germany

Druck von Metzger & Wittig in Leipzig

Vorwort.

Die Schachmeisterschaft von Deutschland werde ich, wie immer man darüber urteilen mag, als mein Werk gelten lassen müssen. 1920 gelang es mir, die Umwandlung der im Deutschen Schachbund allein üblichen internationalen Geldpreisturniere in nationale Ehrenturniere durchzusetzen. Die beiden ersten Meisterschaften von Deutschland in Hamburg und Oeynhausen konnte ich selbst als Sieger beenden. Bald führten Eigennutz und Unverstand zu den früheren Zuständen zurück. Doch die nationale Besinnung gewann allmählich auch im Schach wieder an Boden; Ostern 1932 in Ems fand mein Kampf für den deutschen Nachwuchs Unterstützung, die Neuordnung des deutschen Schachwesens wurde mir anvertraut. Das Feilschen darüber, das nun begann, war mit einem Schlage erledigt, als nach dem Siege der nationalsozialistischen Revolution auch das deutsche Schach eine wirkliche Führung erhielt. Im neuen Deutschland konnte das Schach nur ein Kampf um Ehre, ein Spiel des Volkes und ein Band zur Gemeinschaft sein. Mein Plan wurde schnell volle Wirklichkeit. Pyrmont 1933 war bereits der Abschied vom alten, Aachen 1934 aber schon das Sonderturnier der Jugend, das den raschen Übergang zum neuen schaffen sollte. Den Zonensiegern wurden hier die Sieger von Pyrmont entgegengestellt. Gegen sie hat in Aachen der Nachwuchs kaum schlechter abgeschnitten als die unterlegenen von Pyrmont. Eine kleine Verschiebung, wie der Zufall sie bringen konnte, und einer der jungen Neulinge wäre in Aachen Meister von Deutschland geworden. Es ist besser so, wie es kam. Ein unermüdlicher Kämpfer, ein treuer Ritter des deutschen Schachs hat endlich die höchste Schachwürde seines Landes erobert.

Das Turnier in Aachen hat aber nicht nur den ersten Zusammenprall einer neuen Generation mit einer schon alternden gebracht, es war auch die Feuerprobe für eine neue Auffassung im deutschen Schach. Unsere Jugend darf nur dann für ein Spiel in Anspruch genommen werden, wenn sie dabei nicht ihrer hohen Pflicht, sich zum Kampfe für Deutschland zu stählen, entzogen wird. Das deutsche Schach muß darum heute Kampf sein, Kampf des Geistes, des Willens, des Charakters, aber immer Kampf.

Berlin, im Juli 1934.

Ehrhardt Post
Bundesschachwart

Inhaltsverzeichnis.

Seite

1. Rückblick und Ausblick 1
2. Der Verlauf des Turniers 4
3. Schach als Persönlichkeitsschulung 27
4. Methodologisches 46
5. Protest gegen Edgar Allan Poe 66
6. Partienverzeichnis 83

Rückblick und Ausblick.

Wie schon im Jahre 1933, so war es auch im Jahre 1934 der unerhörten Tatkraft und Opferwilligkeit des Leiters des Schachkreises Aachen, Dr. ing. Peter Müller, gelungen, mit dankenswerter Unterstützung der Stadt und zahlreicher Volksgenossen, die alte Kaiserpfalz für einige Wochen in den Mittelpunkt des deutschen Schachinteresses zu rücken. Was von ihm und seinen Mitarbeitern an schachorganisatorischer Arbeit, an Gastfreundlichkeit, an großzügiger Gestaltung des Drum und Dran geleistet worden ist, verdient höchste Anerkennung und war Propaganda für das Schach im besten Sinne. Das Turnier war in einen glänzenden äußeren Rahmen gestellt. Sei es nun die „lebende Schachpartie" auf dem Katschhofe, zwischen den ragenden Bauten des Rathauses und des Domes oder die mit Liebe und Sachkenntnis zuwege gebrachte Ausstellung künstlerischer Schachspiele im Museumsverein, sei es der Städtekampf Aachen—Köln, die Meisterschaft des Kreises Aachen oder das mit ebensoviel Humor wie geschäftstüchtig geleitete fortlaufende Tombola-Turnier, — sie alle diese Veranstaltungen gaben den schweren und erregten Kämpfen um die Meisterschaft von Deutschland eine eindrucksvolle Fassade.

Das Aachener Turnier stand unter einem neuen Gesichtspunkt. Mit einer Anzahl von bewährten Meistern (alten Stils) hat man die in den Zonenturnieren erfolgreichen Vertreter des tatenfreudigen und ehrgeizigen Nachwuchses zusammengebracht. Die schwerwiegende Frage, ob die jungen Stürmer und Dränger schon so weit sind, daß sie es mit jenen aufnehmen können, stand völlig im Vordergrund des Interesses und gab dem ganzen Kampfe von vornherein einen ungemein bewegten Rhythmus. Um es vorweg zu sagen: die Jungen haben die Generalprobe bestanden, und es kann fürwahr keinen besseren Beweis dafür geben, daß der Großdeutsche Schachbund mit dieser Zuführung frischen Blutes in einen alten Organismus das Richtige getroffen hat, als diese Tatsache. Die Forderung, daß nicht mehr vergilbte Diplome künftig Gewicht haben sollen, sondern allein die Leistung, hat in Aachen ihre letzte Rechtfertigung erhalten. Leben und Bewegung in die deutsche Schachgemeinschaft zu bringen und damit die Voraussetzungen für ein fanatisches Vorwärts zu schaffen, das ist der Sinn unseres Wollens.

Turnier um die Meisterschaft von Deutschland
in Bad Aachen vom 14.—29. 5. 1934.

Schlußstand.

		1	2	3	4	5	6	7	8	9	10	11	12	13	14	15	16	17	18	Zus.	
1	Lange	—	1	½	1	0	1	1	0	½	1	1	½	1	1	0	0	½	½	10½	
2	Weißgerber ...	0	—	1	0	0	1	0	0	1	0	1	0	1	½	0	0	1	½	7	
3	Engels	½	0	—	0	½	0	1	½	0	1	0	1	0	0	0	½	1	1	7	
4	John	0	1	1	—	½	0	½	½	0	0	½	0	0	0	1	½	1	1	7½	
5	Dr. Antze	1	1	½	½	—	½	½	½	0	1	½	0	½	½	0	½	1	½	9	
6	Dr. Rödl	0	0	1	1	½	—	½	1	½	1	1	½	1	½	1	½	½	½	11	III.
7	Dr. Lachmann .	0	1	0	½	½	½	—	0	0	0	½	½	1	1	0	0	½	0	6	
8	Carls	1	1	½	½	½	0	1	—	½	½	1	½	1	½	1	1	1	1	12½	I.
9	Heinicke	½	0	1	1	1	½	1	½	—	1	0	1	½	½	1	1	0	0	10½	
10	Borgardts	0	1	0	1	0	0	1	½	0	—	0	½	½	0	0	½	½	0	5½	
11	Grohmann	0	0	1	½	½	0	½	0	1	1	—	0	1	0	0	0	½	1	7	
12	Elstner	½	1	0	1	1	½	½	½	0	½	1	—	1	1	0	0	1	1	10½	
13	Schmitt	0	0	1	1	½	0	0	0	½	½	0	0	—	1	0	½	0	0	5	
14	Hahn	0	½	1	1	½	½	0	½	½	1	1	0	0	—	0	1	1	0	8½	
15	Reinhardt	1	1	1	0	1	0	1	0	0	1	1	1	1	1	—	0	1	1	12	II.
16	Krause	1	1	½	½	½	½	1	0	0	½	1	1	½	0	1	—	1	0	10	
17	Wächter	½	0	0	0	0	½	½	0	1	½	½	0	1	0	0	0	—	1	5½	
18	Heinrich	½	½	0	0	½	½	1	0	1	1	0	0	1	1	0	1	0	—	8	

Fortschrittstabelle.

		1	2	3	4	5	6	7	8	9	10	11	12	13	14	15	16	17
1	Lange	½	1½	2	3	3	4	5	5	5½	6½	7½	8	9	10	10	10	10½
2	Weißgerber ...	1	1	1½	2½	2½	2½	3½	3½	3½	4½	4½	5½	5½	6½	7	7	7
3	Engels	½	1½	2	2	3	3	3½	3½	4½	5	5	6	6	7	7	7	7
4	John	1	1½	2½	2½	3½	4½	5½	6	6	6½	7	7	7	7½	7½	7½	7½
5	Dr. Antze	½	½	1	2	3	4	4½	5	5½	6	6½	7	7	8	8½	8½	9
6	Dr. Rödl	1	1½	2½	3	3½	3½	3½	4½	5½	6	6½	7	8	8½	9½	10½	11
7	Dr. Lachmann .	½	1½	2½	2½	2½	3	3	4	4	4½	5	5½	5½	5½	5½	5½	6
8	Carls	1	1½	2½	3	4	5	6	7	8	8½	9	9½	9½	10½	11½	12	12½
9	Heinicke	1	1	2	2½	3	4	5	5	5½	5½	6½	7½	8½	9	10	10½	10½
10	Borgardts	0	0	0	½	1	1	1	1½	2	2	3	3	4	4	4	5	5½
11	Grohmann	0	1	2	3	3	4	4	4	4	4½	4½	4½	5½	6	6½	6½	7
12	Elstner	½	1	1	1½	2½	3½	4½	5½	5½	5½	6½	7	8	8	9	10	10½
13	Schmitt	0	0	0	½	1	1	1	1	2	2	2½	2½	2½	2½	3½	4½	5
14	Hahn	½	1	1	1½	2	3	4	4	4	4	4	5	6	6	6½	7½	8½
15	Reinhardt	0	1	1	2	2	2	3	4	5	6	7	8	8	9	10	11	12
16	Krause	½	1	1½	2	3	3	3	3½	4½	5½	6½	6½	7½	7½	8	9	10
17	Wächter	0	0	0	0	½	1	1	2	2½	3	3	4	4	4	4	5	5½
18	Heinrich	½	1½	2	2	2	2	2	3	3½	4½	5	5	6	7	7	7	8

Carls also Sieger! Der Triumph des gereiften Mannes von 50 Jahren. Sein Erfolg beruht auf Sicherheit und Ausdauer, auf unerschütterlichem

Gleichmut, auf einer kritisch gesichteten reichen Erfahrung, auf innerer Disziplin, auf unbeugsamem Siegeswillen. Unübertrefflich seine Endspielkunst. Seine Form gegenüber dem Pyrmonter Turnier 1933 erschien noch wesentlich verbessert. Von Anfang an übernahm er die Führung und gab sie bis zum Schluß nicht wieder ab. Einem Würdigeren konnte die Siegesgöttin in Aachen den Lorbeer nicht reichen! Als ein symbolisches Zeichen darf es gelten, daß unmittelbar hinter einem Vertreter der alten Garde ein Kämpfer aus den Reihen des Nachwuchses den zweiten Platz erobern konnte. Reinhardt hat nach einem schlechten Anfang durch eine lange Kette von Siegen der erstaunten Schachgemeinde dargetan, was ein tapferes Herz, was ein bergeversetzender Ehrgeiz und unbändige Schlachtenfreude vermag. Er gab das Beispiel kämpferischen Geistes. Nicht eine von seinen 17 Partien wurde remis! Rödl war wiederum der zuverlässige, verantwortungsbewußte Meister, dessen Domäne die hohe Strategie ist. Eine Schwächeperiode zu Beginn des zweiten Drittels des Turniers hinderte ihn daran, mehr zu erreichen. Heinicke rechtfertigte seinen ausgezeichneten Ruf, wenn er auch im letzten Augenblick um Siegerehren gekommen ist. Erfreulich das Abschneiden von Lange und Krause, zwei jungen Talenten, die unerwartet gutes Können zeigten und zweifellos noch einen hoffnungsvollen Weg vor sich haben. Eine tüchtige Leistung vollbrachten Elstner und Antze, von denen der erstere sich durch verbissene Energie, der letztere aber durch feinsinnige und gediegene Partieführung auszeichnete. Hahn hatte wohl ein wenig mehr erhofft, hat aber keinen Grund unzufrieden zu sein. Auch Heinrichs erstes Auftreten läßt freundliche Blicke in die Zukunft offen. John, der Nestor unter den Teilnehmern, begann in mörderischem Tempo, fiel dann jedoch in der zweiten Turnierhälfte ganz zurück. Weißgerber und Engels überraschend weit unter Form. Das nächste Mal! Daß Grohmann etwas kann, hat er in mehr als einer Partie bewiesen. Eine Anerkennung wird ihm der vom „Westdeutschen Beobachter" gestiftete Schönheitspreis sein, der ihm zuerkannt wurde. Auch Lachmann hat seine Fähigkeiten unter Beweis gestellt. Mangel an Gelegenheit zu ernsthafter Übung machte sich bei ihm besonders geltend. Borgardts — talentiert, aber unerfahren. Wächter gab viele Beispiele verständnisvoller Partieanlage, ließ jedoch das nötige Stehvermögen vermissen. Und Schmitt? Er, der noch im Vorjahre ein gut besetztes Meisterturnier in Bad Salzbrunn gewann, wurde Letzter. Wer will sagen, warum? Eine Laune des Schicksals vielleicht, vielleicht eine Mahnung zu neuem Streben.

Zu neuem Streben! Ein erster Anfang ist gemacht, alle guten Kräfte im deutschen Schach zu mobilisieren und mit neuer Zielstrebigkeit zu erfüllen. Wir deutschen Schachkämpfer brauchen keine Vergleiche zu scheuen. Wir sind die Träger des Kampfgedankens im Reich der 64 Felder und werden den Platz in der Schachwelt einnehmen, der uns gebührt.

Wir marschieren!

Der Verlauf des Turniers.

Die 1. Runde.

Natürlich lastet im Anfang noch eine gewisse Unsicherheit auf den Teilnehmern. Die einen, die noch nicht in so schwere Turnierkämpfe verwickelt waren, sind durch Befangenheit gehemmt, die anderen tasten zunächst vorsichtig nach ihrer Form, um erst dann den Motor nach und nach auf die höchste Tourenzahl zu bringen.

Dr. Rödl erreichte durch ein gediegenes strategisches Manöver in der Eröffnung gegen Schmitt leichten Stellungsvorteil. Die Frage allerdings, wie dieser in Gewinn umzusetzen sei, war dann freilich kein Problem mehr für ihn, da Schmitt einen groben Fehler beging. Der Bayreuther Hahn brachte Bremens zweiten Ranglistenspieler Dr. Antze durch originelle Springermanöver hart an den Rand einer Niederlage, ließ weiterhin aber den sich zäh und witzig wehrenden Gegner mit Remis entschlüpfen. Heinicke widerlegte die unzureichende Partieanlage von Borgardts. Ein glückhaft Schiff trug Weißgerbers Geschick: schon war er von Wächter in Grund und Boden gespielt, als dieser die Zeit überschritt und sich demzufolge mit einer Null in der Turniertabelle wiederfand. In seiner sicheren, ruhigen Art zermürbte Carls den Dresdner Matador Grohmann. Und ein andrer Altgardist, der Berliner John, brachte in einer weitausholenden Angriffsbewegung Reinhardt zu Fall. Die restlichen Partien endeten ohne sonderliche Aufregungen unentschieden.

Die Ergebnisse: $^1/_2$ Lange–Heinrich $^1/_2$, 1 Weißgerber–Wächter 0, $^1/_2$ Engels–Krause $^1/_2$, 1 John–Reinhardt 0, $^1/_2$ Dr. Antze–Hahn $^1/_2$, 1 Dr. Rödl–Schmitt 0, $^1/_2$ Dr. Lachmann–Elstner $^1/_2$, 1 Carls–Grohmann 0, 1 Heinicke–Borgardts 0.

Stand: Carls, Dr. Rödl, John, Weißgerber, Heinicke 1, Lange, Heinrich, Engels, Krause, Dr. Antze, Hahn, Dr. Lachmann, Elstner $^1/_2$, Wächter, Reinhardt, Schmitt, Grohmann, Borgardts 0.

Nr. 1. Bremer Eröffnung.

Weiß:	Schwarz:
Carls	Grohmann
1. c2—c4	....

Als ich Carls zu Beginn des Turniers fragte, ob er es nicht einmal mit e2—e4 versuchen wollte, da gab er mir mit einem feinen, diabolischen Lächeln zur Antwort, daß er dazu an sich gern bereit sei, andrerseits jedoch nicht gern Gefahr laufen möchte, daß das Turnier infolge eines so programmwidrigen Bruchs mit einer jahrzehntelangen Tradition für ungültig erklärt werden würde.

Wie überall so kam es auch in Aachen zu geheimen Zusammenkünften und förmlichen Verschwörungen derjenigen Kämpfer, die gegen Carls Schwarz hatten und sich gegen das furchtbare c2—c4 verteidigen mußten. Den Bremer berührte das nicht, er wußte, daß sein Schwert gut und in tausend Schlachten erprobt war. In der Tat: gegen Carls in einem Turnier Schwarz zu haben, — das muß eben ertragen werden!

1.	....	c7—c5
2.	Sg1—f3	Sb8—c6
3.	d2—d4	c5—d4:
4.	Sf3—d4:	g7—g6
5.	e2—e4	Lf8—g7

Weiß ist auf billige Art zu einer günstigen Variante der sizilianischen Partie gekommen, günstig insofern, als der das Zentrum sichernde Vorstoß c2—c4 bereits geschehen ist. Andere Verteidigungssysteme auf 1. c2—c4 als das hier von Grohmann gewählte dürften daher den Vorzug verdienen, so vor allem der Aufbau e5, Sc6, g6, Lg7, d6, Se7 usw.

6.	Lc1—e3	d7—d6
7.	Sb1—c3	Sg8—f6
8.	Lf1—e2	Lc8—d7
9.	0—0	Sc6—e5
10.	f2—f3	0—0
11.	Dd1—d2	Sf6—e8

12.	Ta1—d1	....

Die c- und d-Linie mit d5 als Vorposten- und Angelpunkt bilden die durch die Partieanlage gegebene und gewollte Operationsbasis für Weiß. Entsprechend dieser Sachlage ist wohl Ta1—c1 und Tf1—d1 nebst Sd5 verheißungsvoller als die Carlssche Aufstellung.

12.	....	Se8—c7
13.	Le3—h6	Lg7—h6:
14.	Dd2—h6:	Sc7—e6
15.	Kg1—h1	Se6—d4:
16.	Td1—d4:	Dd8—b6
17.	Td4—d2	Ld7—e6
18.	b2—b3	....

Die Begegnung des Angriffs auf c4 durch 18. Sd5 wäre dem Schwarzen nicht unwillkommen gewesen, denn sowohl nach 18. .... Le6—d5: 19. c4—d5: Ta8—c8, als auch nach 19. e4—d5: Ta8—c8 20. b2—b3 a7—a5 bietet seine Partie ein freundliches Bild.

18.	....	f7—f5!
19.	e4—f5:	....

Er will, was verständlich ist, f5—f4 nicht zulassen.

19.	....	Tf8—f5:
20.	Dh6—h4	Db6—e3
21.	Sc3—e4	Ta8—e8
22.	Tf1—d1	Tf5—f4
23.	Dh4—e1	Te8—f8

Grohmann träumt anscheinend noch von Angriff, die f-Linie (die Trägerin so vieler erfüllter und enttäuschter Hoffnungen auf einen Sturm gegen die feindliche Königsstellung in der Schachpartie!) hat's ihm angetan. Nach dem nunmehr erzwungenen Damentausch stehen die so schön anzusehenden schwarzen

Türme jedoch tatenlos auf ihren Plätzen. Es war an der Zeit, das Steuerruder herumzureißen, den „Angriff“ abzublasen und sich auf die an anderen Fronten heraufziehenden Gefahren einzustellen. Also: 23. .... Te8—c8 24. De1—g1 De3—g1‡ 25. Kh1—g1: h7—h6 usw.

24. De1—g1 De3—g1‡
25. Kh1—g1: Se5—c6

Immer noch war Tc8 das Gebot der Stunde.

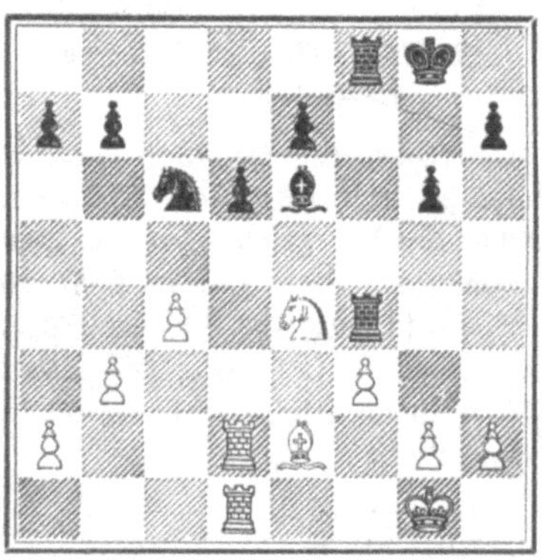

26. c4—c5! ....

Damit nämlich schlägt die Waage rasch zuungunsten des Nachziehenden aus. Das Grundmotiv der Partie (vgl. Anmerkung zum 12. Zuge) gelangt jetzt, allerdings unter Mithilfe Grohmanns, zur vollsten Orchestrierung.

Der Bauer muß geschlagen werden, weil auf d6—d5 der Springerangriff Se4—g5 zum Gewinn des d-Bauern führen würde.

26. .... d6—c5:
27. Se4—c5: Le6—c8
28. Le2—c4† Kg8—g7
29. Lc4—e6! b7—b6
30. Le6—c8: b6—c5:
31. Lc8—b7 Sc6—d4

Falls 28. .... Se5, so Td5 und falls 28. .... Sa5, so Le4 mit verschiedenen kräftigen Drohungen, wie z. B. Td7 oder Tc1.

32. b3—b4 Sd4—e6
33. Lb7—d5 Se6—c7
34. b4—c5: ....

Es ist erreicht! Ein gesunder Mehrbauer ist der Lohn des vom 23. Zuge ab zielsicheren Spiels von Carls.

34. .... Tf4—f5
35. c5—c6 Sc7—d5:
36. Td2—d5: Tf5—f6

Das Doppel-Turmendspiel erweist sich rasch als völlig hoffnungslos. Die Reduzierung auf ein einfaches Turmendspiel durch Tf5—d5: bot entschieden mehr Aussicht auf Widerstand.

37. Td1—c1 Tf8—c8
38. c6—c7 Tf6—d6

Zu spät!

39. Td5—a5 a7—a6
40. Kg1—f2 Kg8—f7

Oder aber 40. .... Td6—d7 41. Ta5—c5 Td7—d2† 42. Kf2—g3 Td2—a2: 43. Tc1—b1 nebst Tb1—b8.

41. Kf2—g3 Kf7—e8
42. a2—a4 Ke8—d7
43. Ta5—e5! e7—e6
44. Te5—c5 Td6—d4
45. a4—a5 h7—h6

Er mag sich drehen und wenden wie er will, die Partie ist verloren. Bei 45. .... Td4—d6 z. B. entscheidet der Vormarsch in die durchlöcherte Stellung des Schwarzen: 46. Kg3—f4 h7—h6 47. Kf4—e5 Kd7—e7 48. Tc1—b1.

46. Tc5—c6 Td4—d6
47. Tc6—d6: Kd7—d6:
48. Kg3—f4 ....

Man erkennt hier die Bedeutung des 43. Zuges von Weiß. Schlägt Schwarz jetzt auf c7, so gewinnt nach dem Turmtausch Kf4—e5—f6.

48. .... Kd6—d5
49. Tc1—d1† Kd5—c6
50. Kf4—e5 Kc6—b7
51. Td1—b1† Aufgegeben.

Nr. 2. Damengambit.

Weiß: Heinicke	Schwarz: Borgardts
1. d2—d4	d7—d5
2. Sg1—f3	Sg8—f6
3. c2—c4	c7—c6
4. c4—d5:	....

Diese Behandlung des mit c7—c6 verteidigten Damengambits mit ihrer Aufhebung der Bauernspannung im Zentrum ist Heinickes Spezialwaffe. Die Vereinfachung enthebt den Schwarzen durchaus nicht aller Sorgen, denn Weiß hält das Anzugstempo lange Zeit hindurch fest, und das gibt ihm, häufig im Verein mit der Beherrschung des Punktes e5, ein gewisses Übergewicht. Daß der Positionsspieler für diese von strategischen Gesichtspunkten getragenen Spielweise eine Vorliebe haben kann, ist ebenso verständlich wie die oft beobachtete Tatsache, daß sie dem verwickelungslüsternen Kombinationsspieler ein Greuel ist.

4. .... c6—d5:
5. Sb1—c3 e7—e6
6. Lc1—f4 Lf8—d6

Bogoljubow betont ausdrücklich, daß diese Gegenüberstellung nicht notwendig ist, sondern daß Schwarz durchaus Lf8—e7 nebst 0—0 und Sf6—h5 spielen kann, eine Zugfolge übrigens, die aus zwei berühmten Partien, nämlich denjenigen zwischen Capablanca und Dr. Lasker (New York 1924) und Dr. Tartakower-Bogoljubow (Bled 1931) bekannt geworden ist.

7. Lf4—d6: Dd8—d6:
8. e2—e3 Sb8—c6
9. Lf1—d3 a7—a6
10. 0—0 b7—b5

Die Unbekümmertheit, mit der Borgardts auf dem Damenflügel vor der Rochade zu Werke geht, verrät, daß er von der Gefahr eines gegnerischen Durchbruchs in der Mitte unter gleichzeitiger Linienöffnung nichts ahnt. Unbedingt war 10. .... 0—0 angezeigt.

Aber der Kölner stand überhaupt während des ganzen Turniers mit dem Damengambit auf dem Kriegsfuße, sobald er die schwarzen Steine führte. Mehr als einmal beschwor er die Schachgöttin Caïssa vor versammeltem Volke, ihm ein Zeichen zu geben, wie er sich da verhalten müsse. Übrigens stellt er, wie man vermuten darf, in dieser Beziehung keine Ausnahme dar.

11. Ta1—c1 Lc8—d7
12. e3—e4 ....

Der in solchen Stellungen charakteristische Angriff gegen die Mitte. Was soll Schwarz tun? Versucht er, sich der Drohung e4—e5 durch Dd6—c7 zu entziehen, so folgt verheerend 13. e4—d5: e6—d5: 14. Tf1—e1. Er muß also schon auf e4 tauschen.

12. .... d5—e4:
13. Sc3—e4: Sf6—e4:

Und wiederum: auch jetzt muß Schwarz die Hand zu weiterem Tausche bieten und damit die Geschäfte des Gegners besorgen. Weicht er aus — 13. .... Dd6—e7 —, dann erreicht Weiß die erstrebte Öffnung der Mittellinien mit 14. Se4—f6† De7—f6: 15. Ld3—e4 Ta8—c8 16. d4—d5 dennoch.

Es zeigt sich eben, daß Schwarz seine Handlungsfreiheit völlig eingebüßt hat und der Sklave dürftiger Notwendigkeiten geworden ist.

14. Ld3—e4: Ta8—c8

Die Rochade stattdessen etwa? Nein, — denn 15. Dd1—c2 gewinnt wegen des Doppelangriffs auf c6 und h7 einen Bauern.

15. d4—d5! Sc6—e7

Auch 15. .... e6—d5: schafft keine Befriedigung. Nach 16. Le4—d5: droht sofort Ld5—f7† mit Damengewinn, so daß Schwarz also dann ebensowenig wie bisher Ruhe im Hafen der Rochade finden könnte.

16. d5—e6: Dd6—e6:
17. Tc1—c8† Ld7—c8:
18. Tf1—e1 ....

Die Partie ist vom 12. Zug ein Schulbeispiel für den Sieg des Angriffstempos. Die Logik, mit der Heinicke den Mechanismus einer zwangsläufigen Entwickelung der Dinge abrollen läßt, ist lieblos, eiskalt.

18. .... De6—f6
19. Dd1—c2 g7—g6

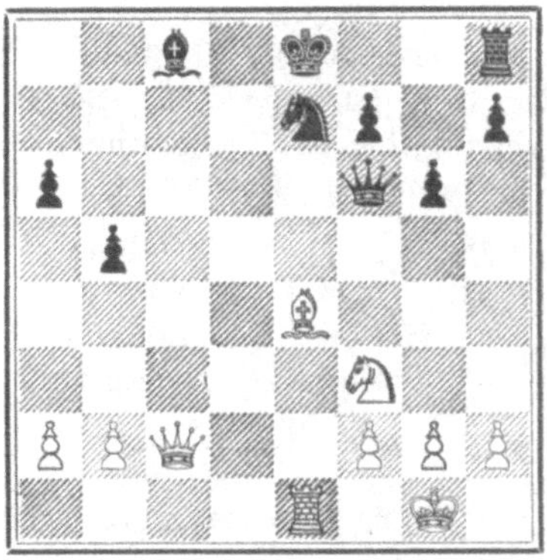

20. Le4—g6: ....

Die Ernte! Der Läufer ist wegen der Mattdrohung Dc2—c8: unverletzlich. Allein auch ohne 19. .... g7—g6 war die schwarze Stellung nichts mehr wert. Beispielsweise wäre auf 19. .... Lc8—e6 20. Le4—c6† und auf 19. .... Lc8—d7 20. Dc2—c7 geschehen.

20. .... Lc8—e6
21. Lg6—e4 h7—h5
22. Dc2—c7 Ke8—f8
23. b2—b3 Se7—g6
24. Le4—g6: Df6—g6:
25. Dc7—d6† Kf8—g7
26. Dd6—e5† Kg7—h7

Darauf ist es sofort aus. Dg6—f6 war schon notwendig, wenn Schwarz weiterkämpfen wollte.

27. Sf3—g5† Aufgegeben.

Auf 27. .... Kh7—g8 vernichtet ihn 28. Te1—d1.

Partiestellung Nr. 1.

Hahn.

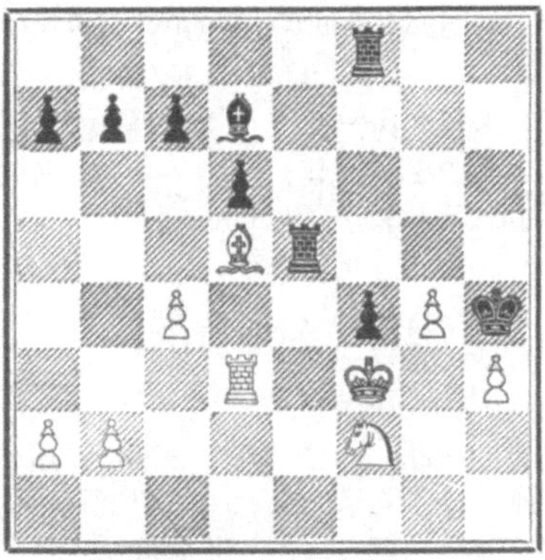

Dr. Antze.

Hahn hat durch gutes Spiel in der Mittelphase der Partie Besitz angehäuft. Aber statt weise damit zu wuchern und ihn rechtzeitig in siegbringenden Stellungsvorteil umzuwandeln, krallt er sich an das Erworbene, als wenn er wie Fafnir einen Nibelungenhort zu bewachen hätte.

37. .... Te5—e1

Stattdessen brachte Te5—e3† eine klare Entscheidung, da nach 38. Td3—e3: f4—e3: 39. Kf3—e3: Kh4—g3 die weißen Königsflügelbauern, Antzes ganze Hoffnung, vernichtet werden.

38. Ld5—b7: Tf8—b8
39. Td3—d5! ....

Droht Matt auf h5.

39. .... Te1—e5
40. Sf2—d3 Te5—d5:
41. Lb7—d5: Tb8—f8

Er will um keinen Preis den Bauern f4 hergeben. Mit Kh4—h3: konnte er dem Gegner sofort die Pistole auf die Brust setzen. Sowohl nach I. 42. Sd3—f4ǂ Kh3—h4 (g4 und b2 sind angegriffen), als auch nach II. 42. Kf3—f4: Ld7—g4: 43. Sd3—f2† Kh3—h4 44. Sf2—g4: Tb8—f8† und schließlich nach III. 42. g4—g5 Kh3—h4 43. Kf3—f4: Tb8—f8† sind klare Verhältnisse geschaffen und dem Weißen alle Möglichkeiten zu Finten und Witzen genommen.

42. Sd3—f2 c7—c6
43. Ld5—e4 Ld7—e6

Der Abtausch gehört zu den in der Regel wirksamen Mitteln der stärkeren Partei, um den Vorteil zu verdeutlichen. Jedoch zum Wesen der Regel gehört die Ausnahme und hieraufhin bedarf jene einer ständigen Prüfung. Im vorliegenden Falle ist die Reduzierung des Materials dem Weißen nicht unwillkommen, vor allem erweist sich der Bauer d6 späterhin als Schwächling, wie denn auch tatsächlich mit seinem Fall nachher das Remis besiegelt wird.

44. Le4—c6: Le6—c4:
45. b2—b3 Lc4—f1
46. Lc6—d5! ....

Dr. Antze wittert angesichts der Sorglosigkeit Hahns die Morgenröte einer unerwartet glücklichen Wendung und setzt daher für den Schlußkampf seine ganze, oft bewährte Erfindungsgabe ein. Das Ende der Partie ist spritzig und elegant.

46. .... Lf1—b5

Er stellt fest, daß er mit Lf1—h3: in eine Sackgasse geriete: 47. Sf2—h3: Kh4—h3: 48. g4—g5! (Tf8—f5 49. Ld5—e6).

47. Sf2—e4! Kh4—h3:
48. g4—g5 Lb5—e8

Höchste Zeit! Es drohte g5—g6.

49. Se4—f6 Le8—g6

Für einen Augenblick diktiert Weiß jetzt die Handlung. Der Läufer mußte weichen, weil nach 49. .... Kh3—h4 die Fortsetzung 50. Sf6—e8: Tf8—e8: 51. g5—g6 Te8—e3† 52. Kf3—f4: Te3—g3 53. Ld5—f7 gar noch für Weiß entscheiden würde; denn der d-Bauer wäre ein Kind des Todes.

50. Kf3—f4: Kh3—h4
51. Ld5—e4! Lg6—e4:
52. Kf4—e4: Tf8—b8

Der Bauer g5 ist wegen der Drohung Sf6—h7† immun. Auch andere Turmzüge retten den Sieg nicht mehr. So würde z. B. auf 52. .... Tf8—c8 folgen: 53. Ke4—d5 Kh4—g5: 54. Sf6—e4† nebst Se4—d6:. Daß der schwarze König fern ist, bedeutet einen gewichtigen Aktivposten in der Rechnung des Bremer Doktors.

53. g5—g6 Kh4—g5
54. Sf6—d7 Tb8—g8

Oder Tb8—d8? 55. g6—g7 Kg5—h6 56. Sd7—f8 Kh6—g7: 57. Sf8—e6†.

55. Ke4—d5 Tg8—g6:
56. Sd7—b8 Kg5—f4
57. Sb8—c6 a7—a5

Vielleicht greift Weiß übereilt zu?: Sc6—a5:, — Tg6—g5†.

58. a2—a4 Kf4—e3
59. b3—b4 a5—b4:
60. Sc6—b4: Tg6—g4

mit gleichzeitiger Verkündung des Remis. Schwarz muß den d-Bauern für den a-Bauern hergeben (vgl. Anm. zum 43. Zuge).

Die 2. Runde.

Ein schwarzer Tag für die offizielle Meistergilde. Weißgerber, der die Zonensieger ein wenig leicht zu nehmen scheint, setzt zu einem verwegenen Angriff gegen Langes Königsstellung an, ohne die Entwicklung seiner Streitkräfte vollendet zu haben. Sein Gegner pariert kaltblütig, umfaßt seinerseits den anderen Flügel Weißgerbers, zertrümmert ihn und rollt von hier aus die ganze Stellung auf. Auch in dem Treffen Grohmann-Heinicke versuchte dieser eine ungestüme Attacke. Er entblößte dabei die Stellung seines Königs, was von Grohmann schlagfertig zu einem Gegenstoß ausgenützt wurde. Ehe aber die eigentliche Entscheidung auf dem Brett fiel, überschritt Heinicke die Zeit. Der Dritte im Bunde der unterlegenen Meister war Dr. Antze. Sein Gegner Reinhardt steuerte seine Partie diesmal ganz in das stille Fahrwasser strategischer Manöver. Er drang schließlich unter Bauerngewinn mit der Dame verheerend in des Doktors Spiel ein. Borgardts überließ frühzeitig seinem Gegenspieler Heinrich entscheidend wichtige Punkte in seinem Lager und fiel dann einem Königsangriff zum Opfer. Ungnädig war das Schicksal gegen John. Er vermochte seine lange Zeit hindurch erstklassig geführte Partie gegen Krause infolge einiger schwächerer Züge in der Schlußphase des Kampfes nur mit einem mageren Unentschieden zu beenden. Dr. Lachmann kam nach günstig verlaufenem Mittelspiel zu einem Erfolg über Schmitt und nach einem wilden Handgemenge wurde Wächter von Engels in die Knie gezwungen. Carls und Elstner trennten sich unentschieden, ebenso Hahn und Dr. Rödl.

Die Ergebnisse: 1 Heinrich–Borgardts 0, 1 Grohmann–Heinicke 0, $^1/_2$ Elstner–Carls $^1/_2$, 0 Schmitt–Dr. Lachmann 1, $^1/_2$ Hahn–Dr. Rödl $^1/_2$, 0 Wächter–Engels 1, 1 Lange–Weißgerber 0, 1 Reinhardt–Dr. Antze 0, $^1/_2$ Krause–John $^1/_2$.

Stand: Carls, Lange, Engels, John, Dr. Rödl, Dr. Lachmann, Heinrich $1^1/_2$, Weißgerber, Heinicke, Grohmann, Elstner, Hahn, Reinhardt, Krause 1, Dr. Antze $^1/_2$, Borgardts, Schmitt, Wächter 0.

Nr. 3. Königsindisch.

Weiß: Wächter	Schwarz: Engels
1. d2—d4	Sg8—f6
2. Sg1—f3	g7—g6
3. g2—g3	Lf8—g7
4. Lf1—g2	d7—d6

Nachdem Weiß auf den Zug c2—c4 verzichtet hat, könnte Schwarz natürlich bequem d7—d5 spielen. Indessen will Engels auf die „Königsindische Verteidigung" hinaus, um — wie wir gleich sehen werden — seinen Gegner in eine schwierige strategische Problematik zu verstricken.

5. c2—c4	Sb8—c6
6. 0—0	0—0
7. Sb1—c3	Sf6—e8

Man erwartet das übliche (und objektiv gesehen auch das gegebene) e7—e5. Allein Engel's Plan in dieser Partie empfängt von kampfpsychologischen Momenten Richtung und Ziel. Er wählt freiwillig eine mehr als beschwerliche, ja, im weiteren Sinne sogar schlechte Verteidigungsstellung, schiebt dafür aber dem Weißen die Beweisführung für die Unzulänglichkeit seines Planes zu. Daß Wächter hierbei fehlgreifen und ihm, Engels, im kritischen Punkt der Partie die Chance des Gegenstoßes geben wird, ist die ferne Hoffnung des Düsseldorfers. Der Erfolg hat seine Strategie gerechtfertigt.

Eine solche Einstellung, die ein stundenlanges „Auf-der-Stelle-treten" zur Voraussetzung hat, verlangt Nerven. Unzweifelhaft gehört zu einem weitgreifenden strategischen Entschluß mehr Stärke des Willens, als in der Taktik, d. h. also den kombinatorischen Verwickelungen. Hier regiert der Augenblick, der Spieler wird von den sich jagenden Notwendigkeiten, wie sie sich aus Hieb und Parade ergeben, in Atem gehalten und hat keine Zeit, über Wert oder Unwert allgemeiner Grundsätze nachzugrübeln. Die Strategie aber ist das Handeln auf weite Sicht. Das Geschehen läuft langsamer ab, die kritische Einstellung den eigenen Entwürfen gegenüber ist eine ganz andere und damit das Verantwortungsbewußtsein des Handelnden bohrender, nachhaltiger.

8. Lc1—e3	h7—h6
9. Dd1—d2	Kg8—h7

10.	Ta1—d1	Lc8—d7
11.	h2—h3	e7—e6
12.	Sf3—h2	Dd8—e7
13.	f2—f4	Sc6—d8
14.	Le3—f2	f7—f5
15.	e2—e4	c7—c6
16.	Tf1—e1	De7—f7

Wächter ist — mit dem Willen des Gegners — ungestört zu einer idealen Aufstellung gekommen. Er hat mehr Raum, verbunden damit eine ungleich größere Bewegungsfreiheit, und die Dynamik der Bauernstellung hat für ihn aktiven Charakter, was also bedeutet, daß Schwarz in der Mitte stillhalten und abwarten muß, wenn anders nicht sofort eine Linienöffnung zu seinen Ungunsten erfolgen soll.

Wächter entschließt sich, die Schlacht durch einen Durchbruch in der Mitte zur Entscheidung zu bringen. Sicherlich ein Plan, der in der Stellung begründet ist. Er führt aber schließlich zu einer taktischen Auflösung, die dem Kombinationsspieler Engels das ersehnte verwickelungsreiche Figurenspiel bringt. Eben deswegen hatte ein anderer Plan viel für sich, und zwar der, die Mitte unter weiterem Raumgewinn und verstärktem Druck auf die schwarze Stellung abzuriegeln und den Damenflügel zum Schauplatz der weiteren Operationen zu machen.

Also: 17. e4—e5 d6—d5 (d6—e5: 18. d4—e5: kostet eine Figur und auf 17. .... Df7—g8 folgt 18. c4—c5!) 18. c4—c5 usw.

Bei der zusammenhanglosen und mehr als beengten schwarzen Figurenaufstellung hätte Weiß ein Riesenspiel erhalten. Und vor allem: der Grundplan von Engels wäre zunichte geworden!

17.	Te1—e2	Df7—g8
18.	Td1—e1	Se8—c7
19.	Sh2—f1	Tf8—f7
20.	Kg1—h2	Le7—f6
21.	e4—e5	....

Beginn der kritischen Phase.

21.	....	Lf6—e7
22.	d4—d5	c6—d5:
23.	c4—d5:	Dg8—f8
24.	Te1—d1	Sc7—e8
25.	d5—e6:	Ld7—e6:
26.	Lg2—b7:	Sd8—b7:
27.	e5—d6:	Le7—d6:
28.	Te1—e6:	....

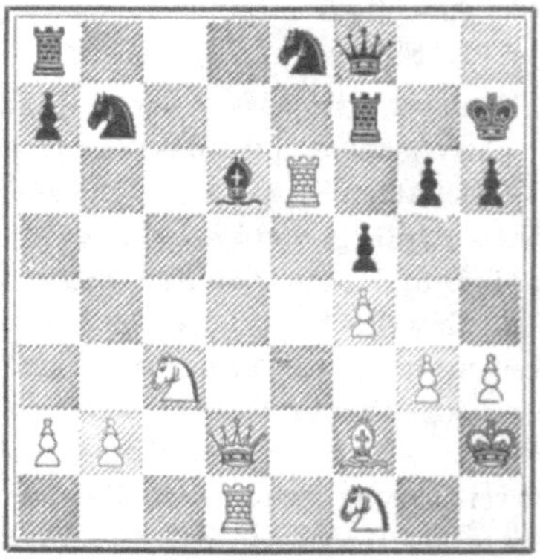

Das Gewitter ist vorübergerast. Die Bauern der Mitte sind ihm zum Opfer gefallen, mit ihrem Verschwinden ist das große Wort jetzt an die Figuren übergegangen. Weiß hat durch die Wendung 27. Lg2—b7: nebst e5—d6: einen Bauern gewonnen, und seine Stellung ist auch sonst gut genug. Wird er aber, das ist die Frage, den nun einsetzenden energischen Angriffsversuchen des Gegners den angemessenen Widerstand leisten?

28. .... Ta8—d8
29. Dd2—c1 Se8—g7
30. Te6—e2 g6—g5
31. Sc3—b5 ....

Der Läufer d6 ist ihm verdächtig, er starrt ihm zu sehr auf die Punkte f4 und g3. So eilig war seine Beseitigung jedoch nicht. Weiß konnte sich ruhig auf f4—g5: einlassen.

Z. B. 31. f4—g5: f5—f4 32. g5—g6† Kh7—g6: 33. Dc1—c2† Tf7—f5 34. Te2—d2. Weiß ist am Ruder.

Oder 31. f4—g5: h6—g5: 32. Dc1—g5: f5—f4 33. Kh2—g1.

Es ist nicht zu sehen, wie Schwarz weiterkommen will.

31. .... g5—f4:
32. Sb5—d6: ....

Ein grober Fehler wäre g3—f4: wegen Ld6—f4‡ nebst Td8—d1:.

32. .... f4—g3‡
33. Lf2—g3: Sb7—d6:
34. Te2—d2 f5—f4

Dieser Bauer ist eine Macht!

35. Lg3—h4 Td8—c8
36. Td2—c2 ....

Entschieden vorzuziehen war Dc1—b1† Sd6—f5 37. Td2—d8.

36. .... Tc8—c2:
37. Dc1—c2‡ Sg7—f5
38. Lh4—f2 ....

Wächter kommt mehr und mehr ins „Schwimmen". Vielleicht unterschätzte er auch die ihm drohenden Gefahren. Sehr gut war jedenfalls an dieser Stelle Sf1—d2, um auf einen etwaigen Entfesselungszug (Kh7—h8) Sd2—f3 zu antworten. Von Verlust konnte dann keine Rede sein.

38. .... Kh7—h8
39. Dc2—c3† Tf7—g7
40. Lf2—d4 Sf5—d4:
41. Dc3—d4: Df8—e7!
42. Td1—d2 De7—g5!

Jetzt hat Schwarz das Heft in der Hand. Weiß ist zur dauernden Bewachung der Punkte g1, g2 und g3 verurteilt. Eine dürftige Rolle spielt der Springer f1 (vgl. dazu die Anmerkung zum 38. Zuge).

43. Td2—c2 Kh8—h7!
44. Kh2—h1 Sd6—f5
45. Dd4—f2 Sf5—h4
46. Tc2—c5 ....

Es drohte Dg5—d5†.

46. .... Dg5—g6!
47. Df2—c2 Sh4—f3

Der scharfe Schlußzug einer kraftvollen Attacke. Nach Dg5—g6 gab es keine Rettung mehr. Wäre Weiß der Drohung Dg6—e4† mit Tc5—c4 begegnet, so wäre gleichwohl Sh4—f3! geschehen.

48. Dc2—g6‡ Tg7—g6:
49. Tc5—c7† Kh7—g8
50. Tc7—c8† Kg8—f7

Weiß gibt auf.

Nr. 4. Bremer Partie.

Weiß: Reinhardt	Schwarz: Dr. Antze
1. Sg1—f3	Sg8—f6
2. c2—c4	c7—c5
3. d2—d4	c5—d4:
4. Sf3—d4:	Sb8—c6
5. g2—g3	g7—g6

Es ist eigentlich verwunderlich, daß Dr. Antze, selbst ein ausgesprochener Fachmann auf dem Gebiete aller „c2—c4-Eröffnungen", sich auf ein Verteidigungssystem von so geringen Graden einläßt. Wir erinnern uns der Partie Nr. 1 und stellen hier noch einmal fest, daß Weiß bei dieser Spielweise (Zug 1—4) immer zu einer vorteilhaften Variante der sizilianischen Partie gelangt.

Einen bequemen Ausgleich hätte er mit 5. .... d7—d5 haben können.

6. Lf1—g2	Lf8—g7
7. 0—0	0—0
8. Sb1—c3	Sc6—d4:
9. Dd1—d4:	d7—d6
10. Dd4—d3	....

Bevor Weiß e2—e4 zieht, tut er diesen Damenzug, damit er nicht durch Sf6—g4 nebst Sg4—e5 gestört wird.

10.	Ta8—b8
11. e2—e4	Sf6—g4
12. h2—h3	Sg4—e5
13. Dd3—e2	Lc8—e6
14. Sc3—d5	Tb8—c8

Schon die gekünstelte Bewegung 10. .... Ta8—b8 und 14. .... Tb8—c8 — diktiert von der Fernwirkung des Läufers g2 — beweist, daß irgend etwas bei Schwarz nicht ganz in Ordnung ist.

Die ganze Partie gibt sich übrigens nach außen hin in einfach-vornehmem Gewande. Sie hat keine so ausgeprägte Konturen wie der voraufgehende Kampf Wächter-Engels, sie besticht nicht durch augenfällige Wendungen. Ihr Wert liegt vielmehr in der stillen Welt strategischer Manöver, und der Beifall, den diese Partie findet, ist nicht der Beifall erregter Tribünen, sondern das schweigsame Lob des Kenners.

15. Lc1—g5	Le6—d5:

Sämisch hat Recht, wenn er diesen Zug tadelt und statt dessen das zwar eigenartig-verkniffene, aber doch wohl brauchbare Manöver 15. .... f7—f6 16. Lc1—e3 b7—b6 17. Ta1—c1 Le6—d7 gefolgt von Se5—f7 und e7—e6 empfiehlt.

16. c4—d5:	Se5—c4
17. Ta1—c1!	h7—h6!
18. Lg5—f4	....

Reinhardt lehnt den Bauerngewinn 18. Lg5—h6: ab, denn Schwarz hätte nach 18. .... Lg7—h6: 19. Tc1—c4: Tc8—c4: 20. De2—c4: Dd8—d7 nebst Tf8—c8 im Besitze der c-Linie eine mehr als ausreichende Kompensation.

18.	Sc4—b6

Hier steht der Springer schlecht. Er mußte schon auf b2 schlagen und auf 19. Tc1—b1 Sb2—a4 20. Tb1—b7: mit Tc8—c7 eine ausreichende Verteidigungsstellung beziehen. So fein abgewogen sind im Schach die Kräfte nicht, daß schon jeder Vorteil, wie z. B. ein Tempo, die freiere Stellung, der Besitz von Punkten die Waagschale endgültig sinken ließe. Mehr wert als das alles ist die Initiative.

19. b2—b3 Dd8—d7
20. De2—d2 g6—g5
21. Lf4—e3 Tc8—c1:
22. Tf1—c1: Tf8—c8
23. Kg1—h2 Tc8—c1:
24. Dd2—c1: Dd7—c8
25. Dc1—a3! Dc8—b8
26. Lg2—f3 e7—e6

Das ist ein unmittelbarer Fehler, denn die Schwäche der Felder e6 und g6 läßt einen entscheidenden Angriff gegen den schwarzen König zu. Er mußte sich völlig passiv verhalten und sich zeigen lassen, wie Reinhardt sein Läuferpaar und die größere Manövrierfähigkeit ausnutzen würde.

27. d5—e6: f7—e6:
28. Lf3—g4 Kg8—f7
29. Da3—a5! Lg7—f6
30. Da5—b5! ....

30. .... Db8—c7

Besser war immerhin Db8—c8, um die letzte Linie gesichert zu halten. Doch bleibt Weiß auch danach mit Db5—d3, drohend e4—e5, am Ruder.

31. Lg4—h5† Kh7—g7
32. Db5—e8 Dc7—e7
33. De8—g6† Kg7—f8
34. h3—h4! Sb6—d7
35. Dg6—h6‡ De7—g7
36. Dh6—g7‡ Kf8—g7:
37. h4—g5: Lf6—d8
38. f2—f4 Aufgegeben.

Die 3. Runde.

Um Haaresbreite entging Weißgerber einer neuen Niederlage. Unbekümmert um Titel und Namen zog Heinrich gegen ihn zu Felde und erreichte ein weit überlegenes Endspiel. Allzu siegessicher ließ er dann aber die Zügel am Boden schleifen und Weißgerber entkam mit Remis. Auch Engels–Lange und Krause–Dr. Antze schlossen ihre Kämpfe mit diesem Ergebnis ab. Mit herzerfrischendem Schwung griff John Wächter an. Dieser konnte seine gefährdete Königsstellung bei bester Verteidigung wohl noch halten, ließ indessen einen Opfereinbruch Johns zu und verlor. Die etwas bizarre Partieanlage Reinhardts wurde von Dr. Rödl widerlegt, und diese Widerlegung sicher zum Siege gestaltet. Nicht weniger eigenartig (um nicht zu sagen: unzureichend) war Hahns Kräfteentwicklung in seinem Kampf mit Dr. Lachmann. Er kam nie zum Spiel und wurde von dem Stolper Doktor nach allen Regeln der Kunst „umgelegt". Heinicke griff Elstner in der h-Linie an, erzwang den Tausch seiner Türme gegen Elstners Dame unter gleichzeitigem Einbruch in des Berliners Stellung. Mattangriff war die Folge. Kahl und verödet sah Borgardts Stellung aus, als Grohmann ihm nach einem Figurenopfer sämtliche Bauern vom Brett genommen hatte. Eine energische Angriffsführung mit einem hübschen Opfer und reizvollen Schlußwendungen sah man bei Carls in seiner Partie gegen Schmitt. Ein eindrucksvoller Sieg!

Die Ergebnisse: 1/2 Weißgerber–Heinrich 1/2, 1/2 Engels–Lange 1/2, 1 John–Wächter 0, 1/2 Dr. Antze–Krause 1/2, 1 Dr. Rödl–Reinhardt 0, 1 Dr. Lachmann–Hahn 0, 1 Carls–Schmitt 0, 1 Heinicke–Elstner 0, 0 Borgardts–Grohmann 1.

Stand: Carls, Dr. Lachmann, Dr. Rödl, John, Lange, Engels, Heinicke, Grohmann, Heinrich 2, Weißgerber, Krause 1 1/2, Dr. Antze, Elstner, Hahn, Reinhardt 1, Borgardts, Schmitt, Wächter 0.

Nr. 5. Bremer Partie.

	Weiß: Carls	Schwarz: Schmitt
1.	c2—c4	Sg8—f6
2.	Sb1—c3	e7—e6
3.	e2—e4	d7—d5
4.	e4—e5	....

Carls hat gelegentlich statt dessen 4. c4—d5: und erst nach e6—d5: 5. e4—e5 gezogen. Nachdem Helling indessen das Bauernopfer 5. .... Sf6—e4 6. Sc3—e4: d5—e4: 7. Dd1—a4† Sb8—c6 8. Da4—e4: Lc8—e6 ersann, ist der Bremer Meister von dieser Variante, wie es scheint, abgekommen.

4.	....	d5—d4
5.	e5—f6:	d4—c3:
6.	b2—c3:	Dd8—f6:
7.	Sg1—f3	Sb8—d7

Sämisch bezeichnet den Springerzug als einen „lehrreichen Eröffnungsfehler" und empfiehlt außer c7—c5 die sofortige Seitenentwicklung b7—b6 und Lc8—b7. Daß dieses Urteil gerechtfertigt ist, beweist der weitere Gang der Partie.

8.	d2—d4	h7—h6

So hätte es dieser Sicherung gegen Lc1—g5 nicht bedurft, wenn 7. .... b7—b6 8. d2—d4 Lc8—b7 erfolgt wäre, da der Läuferausfall dann an Lb7—f3: scheitern würde.

9.	Lf1—d3	c7—c6

Damit wird der Verzicht auf jede Aktivität ausgesprochen und die Partie ganz auf geduldiges Warten abgestellt. Zu einer solchen Strategie ist die schwarze Partie jedoch viel zu wenig elastisch. Es mag richtig sein, daß Weiß nach 9. .... c7—c5 10. 0—0 Lf8—d6 11. Dd1—e2 b7—b6 12. Ld3—e4 Ta8—b8 im Vorteil ist, dennoch hätte Schmitt diese Möglichkeit wählen müssen, um etwas Bewegungsfreiheit zu erlangen. Schließlich tritt auch nicht alles Unglück ein, das wir uns in einer schwarzen Stunde ausmalen.

10.	Dd1—e2	Lf8—d6
11.	a2—a4!	b7—b6
12.	0—0	Lc8—b7
13.	a4—a5	Df6—d8
14.	a5—a6	Lb7—c8
15.	Tf1—e1	Dd8—c7
16.	h2—h3	Sd7—f6

„Schwarz müßte nun rochieren, komme was da wolle" (Richter). Auf 16. .... 0—0 17. De2—e4 Sd7—f6 18. De4—h4 konnte er sich darauf mit Sf6—h7 recht und schlecht herausreden und auf 16. .... 0—0 17. Sf3—e5 hätte Weiß immerhin erst den Angriff formieren müssen.

17.	Sf3—e5!	Ld6—e5:

Falls jetzt 0—0, so De2—f3 mit der Doppeldrohung Lc1—h6: und Se5—c6:.

18.	d4—e5:	Sf6—d7
19.	De2—g4	g7—g6

Ke8—f8 war der einzige Zug. Nach dem geschehenen g7—g6 fällt Carls' Faust schwer auf des Gegners Haupt nieder.

20.	Ld3—g6:!	Sd7—e5:

Es drohte Dg4—e6‡. Die Annahme des Läuferopfers führt zu schneller Katastrophe: 20. .... f7—g6: 21. Dg4—g6‡ Ke8—d8 22. Dg6—g7 Th8—f8 23. Lc1—h6: usw.

21.	Dg4—g3	f7—g6:
22.	Te1—e5:	Dc7—g7
23.	c4—c5!	....

Sichert dem Läufer die entscheidende Stellung auf d4.

23.	....	0—0
24.	Lc1—e3	Tf8—f5
25.	Le3—d4	Dg7—f7
26.	Te5—f5:	Df7—f5:

Auf e6—f5: wäre 27. Dg3—e5 mit Vernichtung erfolgt.

27.	Dg3—c7	Df5—f7
28.	Dc7—c6:	Ta8—b8
29.	c5—b6:	Lc8—d7
30.	b6—a7:!	

Schlußstellung.

Schwarz gab auf. 30. .... Tb8—b1† rettet nichts mehr, weil er nach 31. Ta1—b1 Ld7—c6: 32. Tb1—b8† Df7—f8 33. Ld4—c5! keinen Zug mehr hat.

Nr. 6. Sizilianisch.

	Weiß: John	Schwarz: Wächter
1.	e2—e4	c7—c5
2.	Sb1—c3	d7—d6
3.	g2—g3	Sg8—f6
4.	Lf1—g2	Sb8—c6
5.	Sg1—e2	a7—a6

Ein Zug, der Zeit verschenkt. In dieser Spielweise der sizilianischen Partie kann zwar das Haupttätigkeitsfeld des Schwarzen auf dem Damenflügel liegen, aber der Vorstoß b7—b5, auf den es ankommt, ist wegen der Fernwirkung des Läufers g2 ohne die Sicherung Tb8 nicht gut möglich. Wenn das aber richtig ist, dann ist der Zug a6 überflüssig. Gegeben war zunächst g7—g6 nebst Lf8—g7.

6.	d2—d4	c5—d4:
7.	Se2—d4:	Lc8—d7
8.	Sc3—e2	....

Johns Strategie in vielen Partien wurzelt in dem sicheren Besitz fester Punkte. Hier kommt es ihm zunächst darauf an, das Feld d4 zu einem Stützpunkt auszubauen.

8.	....	Dd8—c8
9.	h2—h3	g7—g6
10.	c2—c3	Lf8—g7
11.	Lc1—e3	0—0
12.	Dd1—d2	Sc6—e5

Immer noch war Ta8—b8 und b7—b5 ein gangbarer Weg, der schwarzen Partie ein Gesicht zu geben. Doch Wächter kann sich zu nichts Rechtem entschließen, er läßt die Dinge treiben und sieht sich daher rasch in eine wenig beneidenswerte Defensive gedrängt.

13.	b2—b3	Tf8—e8
14.	Ta1—c1	Kg8—h8
15.	c3—c4	Ta8—b8
16.	Se2—c3!	Ld7—c6
17.	f2—f4	Se5—d7
18.	Sd4—c6:	b7—c6:
19.	g3—g4	....

Die Bauernlawine kommt ins Rollen!

19.	....	Sd7—f8
20.	Lg2—f3	Sf6—d7
21.	h3—h4	c6—c5
22.	h4—h5	Kh8—g8
23.	h5—g6:	f7—g6:
24.	g4—g5	Sf8—e6

Der Springer f8 und der Läufer g7 sind die Träger der Widerstandsfähigkeit der schwarzen Königsstellung; sie mußten stehen bleiben, wo sie standen. Zu prüfen war Sd7—b6, um sich die Möglichkeit zu a6—a5—a4 zu verschaffen. Auf 25. Sc3—d5 würde Sb6—d5: die Antwort sein (26. Dd2—d5† Dc8—e6). Auch bei dieser Fortsetzung stände Weiß ausgezeichnet, allein Schwarz wäre weit besser gefahren als in der Partie.

25.	Dd2—h2	Kg8—f7
26.	Lf3—g4!	Se6—d4

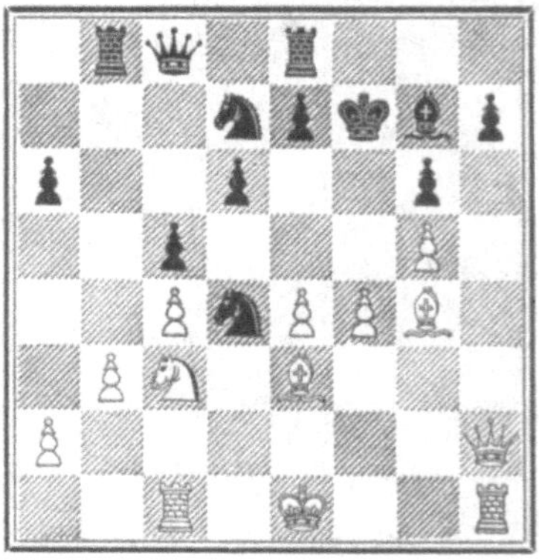

27. Dh2—h3 ....

Der Besitz der offenen h-Linie, die Beweglichkeit der weißen Bauern e4, f4, g5, die drohende Stellung des Läufers g4 lassen im Verein mit der wenig geschützten Lage des schwarzen Königs vermuten, daß schon jetzt eine gewaltsame Entscheidung herbeigeführt werden konnte. Der Kritiker, dessen Arbeit ja überwiegend analytisch ist, während die Tätigkeit des Spielers mehr in der Richtung der Synthese liegt, wird in solchen Augenblicken um des taktischen Problems willen und der daraus abzuleitenden Angriffsmethoden haltmachen müssen.

Zu erreichen war die schnelle Zertrümmerung der schwarzen Königsstellung, wenn überhaupt, nur mit **27. f4—f5.** Die Drohung ist f5—g6‡ nebst Le3—d4: und Lg4—e6†. Als Gegenzüge kommen Sd7—e5, g6—f5: und Te8—h8 in Betracht.

I. 27. .... Sd7—e5 28. f5—g6‡ Kf7—f8 29. Dh2—f2† gefolgt von Lg4—c8:.

II. 27. .... g6—f5: 28. g4—f5:! Sd7—e5 29. g5—g6† Kf7—f8 30. Le3—d4:! e5—d4: 31. g6—h7: usw.

Falls 30. .... Se5—g4:, so 31. Ld4—g7‡ Kf8—g7: 32. Dh2—h7‡ Kg7—f6 33. Dh7—f7† und der schwarze König wird zu Tode gehetzt.

III. 27. .... Te8—h8 28. f5—f6! e7—f6: 29. Dh2—d6: f6—f5 30. Le3—d4: c5—d4: 31. e4—f5:! Th8—e8† 32. Sc3—e2. Schwarz ist gegen die verschiedenen Drohungen wie f5—g6‡ oder f5—f6 machtlos.

Auf 29. .... Tb8—b7 folgt 30. f5—f6 Lg7—f6: 31. Th1—f1.

In der Tat also war Schwarz zwangsläufig verloren. Daß John sich bei beschränkter Bedenkzeit nicht in diesen Strudel von Verwicklungen stürzen wollte, wird man jedoch vollauf verstehen können.

27.	....	e7—e6!
28.	Ke1—d2	Sd7—f8
29.	f4—f5	e6—f5:
30.	e4—f5:	Sd4—f5:
31.	Lg4—f5:	g6—f5:
32.	Tc1—f1	Dc8—e6
33.	Tf1—f5‡	Kf7—g8
34.	Sc3—d5	Tb8—b7
35.	Dh3—f3	Tb7—f7
36.	Sd5—f6†	Lg7—f6:
37.	Tf5—f6:	Tf7—f6:
38.	g5—f6:	....

Die schwarze Stellung sieht gefährdet aus; es droht unmittelbar Th1—h7:!! Gegen diesen Überfall ist 38. .... De6—f7 keine hinreichende Deckung, denn es geschieht einfach 39. Df3—g3† Kg8—h8 40. Dg3—d6:. Aber mit 38. .... De6—d7 sollte er sich verteidigen können (39. Df3

—d5† Te8—e6). Wächter unterläuft jetzt ein sofort entscheidender Fehler.

38.	....	Sf8—g6
39.	Th1—h7:	Kg8—f8
40.	Le3—h6†	Kf8—g8
41.	Th7—g7†	Kg8—h8
42.	Lh6—e3	Aufgegeben.

Die 4. Runde.

Eine Sensation schien im Anzuge, als Carls gegen Hahn zur Abwehr größeren Schadens gezwungen war, die Qualität zu opfern. Allein der Bayreuther unterschätzte die Hilfsquellen des Gegners in dem entstandenen Endspiel und konnte nicht mehr als Remis herausholen. Reinhardt wartete mit einem hübschen Sieg über Dr. Lachmann auf. Dr. Antze gewann durch überlegene Endspielführung gegen Wächter nach langem Kampfe und Weißgerber war in einer durch ihre taktischen Verwicklungen höchst interessanten Partie über Engels erfolgreich. Einen glücklichen Sieg konnte Lange über John landen. Mehr als einmal konnte dieser den Tag für sich entscheiden, aber immer wieder versäumte er den rechten Zug, bis er gar selbst in ein Mattnetz verstrickt wurde. Grohmann schlug Heinrich. Alle anderen Partien ergaben ein Unentschieden.

Die Ergebnisse: 0 Heinrich-Grohmann 1, $^1/_2$ Elstner-Borgardts $^1/_2$, $^1/_2$ Schmitt-Heinicke $^1/_2$, $^1/_2$ Hahn-Carls $^1/_2$, 1 Reinhardt-Dr. Lachmann 0, $^1/_2$ Krause-Dr. Rödl $^1/_2$, 0 Wächter-Dr. Antze 1, 1 Lange-John 0, 1 Weißgerber-Engels 0.

Stand: Carls, Dr. Rödl, Grohmann, Lange 3, John, Weißgerber, Heinicke, Dr. Lachmann $2^1/_2$, Engels, Dr. Antze, Reinhardt, Krause, Heinrich 2, Elstner, Hahn $1^1/_2$, Borgardts, Schmitt $^1/_2$, Wächter 0.

Nr. 7. Sizilianisch.

Weiß:	Schwarz:
Weißgerber	Engels

Nach den Zügen 1. e2—e4 c7—c5 2. Sg1—f3 Sb8—c6 3. d2—d4 c5—d4: 4. Sf3—d4: Sg8—f6 5. Sb1—c3 d7—d6 6. Lf1—e2 e7—e6 7. 0—0 Lf8—e7 8. Lc1—e3 0—0 9. Kg1—h1 Dd8—c7 10. Sd4—b3 Tf8—d8 11. f2—f4 d6—d5 12. e4—e5 Sf6—e4 13. Le2—d3 b7—b6 14. Sc3—b5 Dc7—b7 15. c2—c3 Lc8—d7 16. Sb5—d4 Sc6—d4: 17. Sb3—d4: Le7—c5 18. Tf1—f3 f7—f5 19. e5—f6: g7—f6: 20. Ld3—e4: d5—e4: 21. Tf3—g3† Kg8—h8 22. Dd1—h5 Td8—f8 23. b2—b4 Lc5—d6 war folgende Stellung entstanden:

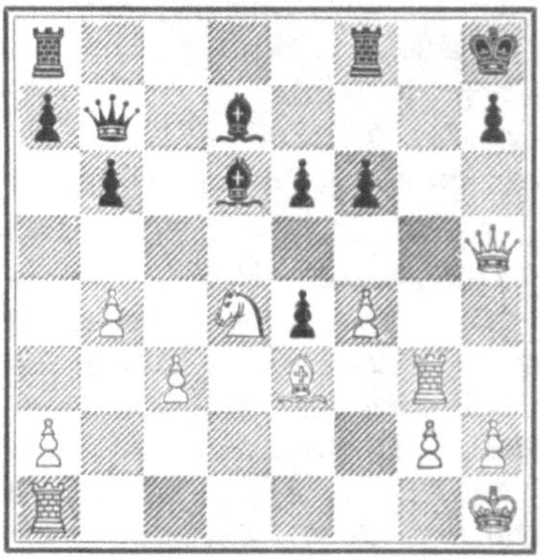

Engels hat in der Behandlung der Partie vom 11. Zuge ab keine sehr glückliche Hand gehabt. Seine Figuren ermangeln des Zusammenspiels, was im Hinblick auf die drohende Stellung von Dame, Turm und Springer des Weißen um so schwerer ins Gewicht fällt. Ein Beispiel mag das zeigen: 24. Tg3—h3 Ld7—e8 (auf Ld7—c8 gewinnt 26. Sd4—b5 auf der Stelle, weil der Läufer d6 einerseits den Turm f8 im Auge behalten muß, andrerseits die 7. Linie wegen des Angriffs auf h7 nicht sperren darf. Aus dem gleichen Grunde kann die Dame den Läufer nicht decken). 25. Dh5—h6. Der Bauer e6 ist jetzt ein Kind des Todes. Die Deckung Db7—f7 ist keine, weil dennoch Sd4—e6: möglich ist und auf e6—e5 erzwingt der Angriff auf den Läufer d6 mittels 26. Sd4—f5 wie eben sofortige Kapitulation. Weißgerber verzichtet auf diese Fortsetzung, sucht vielmehr mit 24. Ta1—d1 die Spannung noch zu verschärfen. Tut er recht daran?

Die Drohung ist Sd4—e6: nebst Td1—d6: und Le3—d4. Hiergegen wäre 24. .... Db8—c7 eine unzureichende Verteidigung, da nach 25. Tg3—h3 Ld7—e8 26. Dh5—h6 der Bauer e6 (s. oben) nicht mehr zu retten ist. Ebensowenig befriedigt 24. .... Ld7—e8 25. Dh5—h6.

Doch wie stände es mit der Abwehr 24. .... Ta8—d8? Falls jetzt 25. Tg3—h3, so Ld7—c8 26. Sd4—b5 Ld6—b8 27. Le3—d4 Db7—g7 (nicht De7 wegen Ld4—f6†), und Schwarz kann sich behaupten. Allein die Fortsetzung 25. Dh5—h6 Ld7—c8 26. Sd4—f5 g6—f5: 27. Td1—d6:! Db7—e7 28. Td6—d8: Tf8—d8: 29. Le3—d4 Td8—f8 (Td8—d4: 30. e3—d4: e4—e3 31. Th3—e3:!) 30. Tg3—g6 zerschlägt auch diesen Versuch des Schwarzen.

Einzig der Zug 24. .... Ta8—e8 bietet die Gewähr einer allerdings auch völlig ausreichenden Verteidigung. Der Witz ist nämlich der, daß Schwarz jetzt auf 25. Dh5—h6 Tf8—f7 26. Sd4—f5 e6—f5: 27. Td1—d6: den Sperrzug Ld7—e6 zu Gebote hat und damit dem Angriff 28. Le3—d4 die Kraft genommen ist: 28. .... Db7—e7 29. Tg3—g6 Te8—f8. Hierauf darf sich Weiß sogar überhaupt nicht einlassen, denn nach 30. Td6—c6 zerreißt Schwarz mit e4—e3 siegreich das aufgestellte Netz.

Eine sinnverwirrende Fülle von Verwicklungen! Ihr Studium zeigt ein ebenso lehrreiches, wie reizvolles Widerspiel von Angriff und Verteidigung. Die Schlußfolgerung: Weißgerber hätte — objektiv gesehen — besser getan, die eingangs skizzierte Spielweise zu wählen.

Doch zurück zur Partie.

24. (Ta1—d1)	Db7—d5
25. Sd4—f5!	....

Die einfache und durchschlagende Widerlegung des Damenzuges.

25.	Dd5—f5:
26. Dh5—f5:	e6—f5:
27. Td1—d6:	Ld7—e8
28. Le3—d4!	....

Der Punkt f6 fällt, die schwarze Partie stürzt wie ein Kartenhaus zusammen. Es folgte noch:

28. .... Le8—g6 29. h2—h4! e4—e3 30. Kh1—g1 Tf8—e8 31. Kg1—f1 Te8—e4 32. Ld4—f6† Kh8—g8

33. h4—h5 Te4—f4† 34. Kf1—e1 Ta8—e8 35. h5—g6: h7—h5 36. Lf6—g5 Tf4—e4 37. Tg3—f3 e3—e2 38. Lg5—h6 h5—h4 39. Tf3—f5: Te4—g4 40. Tf5—e5!. Aufgegeben.

Partiestellung Nr. 2.

Dr. Lachmann.

Reinhardt.

Der letzte Zug von Schwarz war 18. .... Ld6—b4. Reinhardt ließ die Bedrohung des Turmes e1 unbeachtet und öffnete sich mit

19. Sf3—e5:! ....

die Diagonale a1—g7. Es folgte

19. .... Lb4—e1:
20. Se5—g4: b7—b5

Das ermöglicht einen scharfen Schluß. Auf 20. .... Sf6—h5 hätte Weiß auf diese Art den Gewinn klargestellt: 21. Sg4—e3 Le1—b4 22. Se3—f5 De7—f8 (Schwarz muß die Punkte d6 und g7 gesichert halten) 23. d5—d6 Tc8—d8 24. Lg2—b7:. Weiß hat 3 Bauern für die Qualität und eine überwältigende Stellung.

21. d5—d6! De7—e6
22. Sg4—f6† g7—f6:
23. d6—d7! b5—c4:

Der Bauer ist wegen der Antwort Db2—f6: unverwundbar.

24. d7—c8:D De6—c8:
25. d3—c4: Dc8—f5
26. Db2—f6: Df5—f6:
27. La1—f6: a7—a5
28. c4—c5 h7—h5
29. c5—c6 Aufgegeben.

Nr. 8. Holländisch.

Weiß:	Schwarz:
Lange	John

1. d2—d4 e7—e6

Natürlich will John „Holländisch" (oder Stonewall) spielen, wie er überhaupt in Aachen mit einem knappen, aber scharf umrissenen Eröffnungsprogramm auftrat. Um dem gefährlichen Stauntongambit auszuweichen (1. d2—d4 f7—f5 2. e2—e4), wird der Zug e7—e6 vorgeschaltet. Die Möglichkeit, daß eine französische Partie entstehen kann (2. e2—e4) wird um so lieber in Kauf genommen, als auch sie von John zum Spezialstudium gemacht worden ist.

2. c2—c4 f7—f5
3. Sb1—c3 Sg8—f6
4. Lc1—g5 Lf8—b4
5. e2—e3 b7—b6
6. Lf1—d3 Lc8—b7
7. f2—f3 ....

Bilder aus der Vergangenheit. Diese langsame, gediegene Behandlung der Holländischen Partie stammt von Steinitz. Ihr Ziel ist — nach entsprechenden Vorbereitungen — der Vorstoß im Zentrum mit e3—e4. So begann die grundlegende Partie Steinitz–Tarrasch im Turnier zu Hastings 1895 folgendermaßen: 1. d2—d4 f7—f5 2. c2—c4 e7—e6 3. Sb1—c3 Lf8—b4 4. e2—e3 Sg8—f6 5. Lf1—d3 b7—b6 6. Sg1—e2 Lc8—b7 7. 0—0 0—0 8. f2—f3 Sb8—c6 9. e3—e4 f5—e4: 10. f3—e4: e6—e5 11. Sc3—d5 Lb4—e7 12. Sd5—f6✝ Tf8—f6: 13. Tf1—f6: Le7—f6: 14. d4—d5. Weiß steht günstig.

7.	....	0—0
8.	Sg1—e2	Dd8—e8
9.	Lg5—h4	....

Mit diesem einen Zuge wird der ganze Aufmarschplan des Weißen über den Haufen geworfen. Nach dem natürlichen 9. 0—0 De8—h5 10. Lg5—f6: Tf8—f6: 11. Dd1—c2 und e3—e4 waren doch gewißlich alle Hoffnungen Langes verwirklicht. Vermutlich hat er ganz übersehen, daß John ihm mit dem folgenden Vorstoß im Zentrum die Vorhand abgewinnt.

9.	....	e6—e5!

Um das Schlagen des Bauern f5 mit e5—d4: 10. e3—d4: Sf6—h5 zu beantworten (11. Lf5—d3 Sh5—f4). Man sieht hieran, welche Rolle die Unterlassung der Rochade spielt.

10.	d4—e5:	....

Die Rochade war besser. Schwarz hätte darauf wohl zunächst am besten g7—g6 gezogen. Falls dann 11. e3—e4 so e5—d4:.

10.	....	De8—e5:
11.	Lh4—f2	Lb4—c5
12.	Dd1—d2	Tf8—e8
13.	0—0	g7—g6
14.	e3—e4	....

Die Ironie will es, daß dieser Zug, der ursprünglich dem weißen Spiel einen verheißungsvollen Sinn geben sollte, nun zu einem bitteren Muß geworden ist.

14.	....	f5—e4:
15.	Sc3—e4:	Lb7—e4:
16.	Ld3—e4:	Lc5—d6

Auftakt zu der Tragödie zweiter Teil. War die Abwicklung auf e4 mit Bauerngewinn nicht einfacher und besser?

17.	Lf2—g3	....

Und hier die Frage: Warum nicht Se2—g3? John behält nach dem Läuferzuge zunächst recht.

17.	....	De5—c5†
18.	Lg3—f2	Sf6—e4:
19.	f3—e4:	Dc5—c4:
20.	Ta1—c1	....

Lange erkennt, daß er langsam zugrunde gehen muß, wenn er sich, bei einem Bauer weniger, an die gegenwärtige Stellung zu klammern versucht. Er bricht also entschlossen alle Brücken hinter sich ab, um irgendwie zu einer unmittelbaren Bedrohung des feindlichen Königs zu gelangen.

20.	....	Dc4—a2:
21.	Dd2—h6	Sb8—c6
22.	Lf2—h4	Te8—f8
23.	Lh4—f6	Tf8—f7
24.	Tc1—c3	Da2—e6
25.	Tc3—h3	Ld6—c5†
26.	Kg1—h1	Sc6—e5

Es drohte Dh6—g6✝ und Th3—h8 matt!

27.	Tf1—f4	....

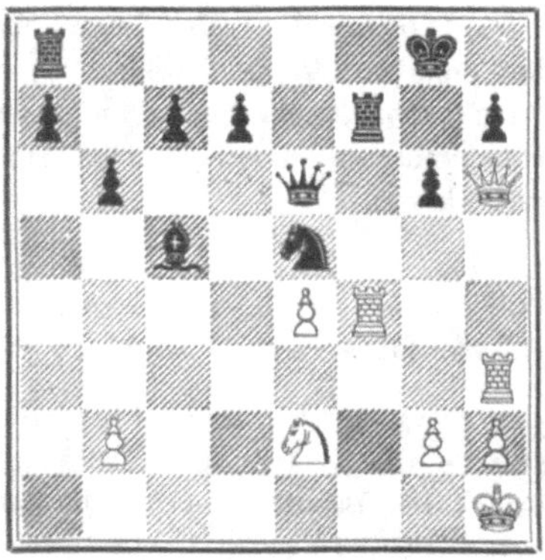

27. .... Lc5—e3

John gibt mit Recht 2 Figuren gegen den Turm. Der weiße Angriff wird gebrochen und außerdem gewinnt er ein entscheidendes Bauernübergewicht.

28. Lf6—e5: Le3—f4:
29. Le5—f4: De6—e4:
30. Th3—e3 De4—b1†
31. Se2—g1 Ta8—f8
32. g2—g3 ....

Der Läufer f4 darf seinen Platz nicht verlassen, weil sonst Db1—g1‡ zum Matt führt.

32. .... Db1—b2:
33. Lf4—c7: Db2—c1

Der erste Fehlgriff. Tf7—f1 gewann sofort z. B. 35. Lc7—e5 oder Te3—e7 36. Tf1—g1‡ Kh1—g1: 37. Db2—b1† usw. Oder 35. Lc7—f4 Db2—f2 usw.

34. Lc7—e5 d7—d6
35. Le5—d4 Tf7—e7
36. Kf1—g2 Dc1—d2†

Der zweite Fehlgriff. Mit 36. .... Dc1—f1† 37. Kg1—h1 Tf8—f2 38. Dh6—h3 Df1—h3: hätte sich die Partie zugunsten von Schwarz entschieden.

37. Sg1—e2 Dd2—e1
38. Kg2—h3 De1—f1†
39. Kh3—h4 Tf8—f5

Und der letzte Fehlgriff. Tf8—f7 war der richtige Zug, worauf Schwarz trotz aller Versäumnisse immer noch siegreich bleiben mußte. Z. B. 40. Te3—e7: Tf7—e7: 41. Se2—f4 Df1—c4. Das Schicksal wollte Johns Verderben an diesem Tage.

40. Te3—e7: Tf5—h5†
41. Dh6—h5: g6—h5:
42. Se2—f4 Df1—d1
43. Te7—g7† Kg8—f8
44. Sf4—e6† Kf8—e8
45. Ld4—f6 Aufgegeben.

Nr. 9. Königsindisch.

Weiß: Hahn — Schwarz: Carls

Nach den Zügen 1. d2—d4 Sg8—f6 2. c2—c4 g7—g6 3. f2—f3 d7—d5 4. c4—d5: Sf6—d5: 5. e2—e4 Sd5—b6 6. Sb1—c3 Lf8—g7 7. Lc1—e3 0—0 8. Dd1—d2 Sb8—c6 9. Ta1—d1 e7—e5 10. d4—d5 Sc6—d4 11. f3—f4 Lc8—g4 12. Td1—c1 c7—c5 13. h2—h3 Lg4—d7 14. f4—e5: Lg7—e5: 15. Sg1—f3 Sd4—f3‡ 16. g2—f3: Ta8—c8 17. h3—h4 Dd8—f6 18. f3—f4 Le5—d4 19. e4—e5 Ld4—e3: 20. Dd2—e3: Df6—d8 21. Lf1—d3 Ld7—g4 22. Ld3—e4 h7—h5 23. b2—b3 Kf8—g7 24. Kg1—f2 c5—c4 25. Kf2—g3 c4—b3: 26. a2—b3: war folgende Stellung entstanden:

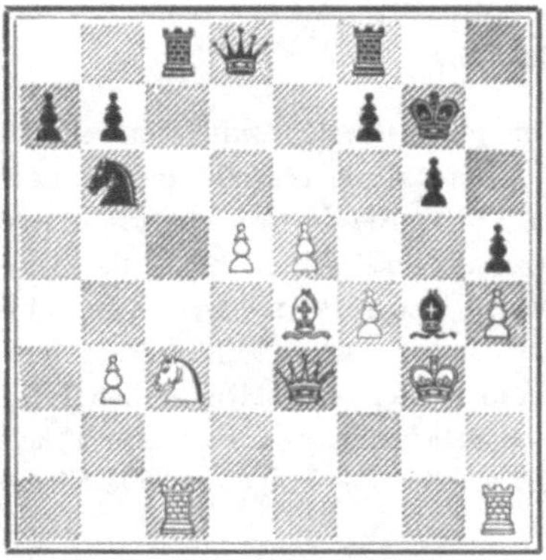

Hahn ist seinem starken Gegner unbefangen und energisch zu Leibe gegangen. Statt 25. Kf2—g3 hätte er aber wohl besser mit b3—b4 die Öffnung der c-Linie verhindert. Doch auch so steht er, gestützt auf seine gewaltige Zentralstellung, weit überlegen. Carls sieht selbstverständlich die Gefahren, denen er bei passivem Verhalten ausgesetzt ist, er opfert daher, um ärgeres zu verhüten, mit raschem Entschluß die Qualität.

26.	....	Tc8—c3:
27.	De3—c3:	Sb6—d5:
28.	Dc3—d2	....

Wir erleben die psychologische Krisis des siegesgewissen Kämpfers. Geneigt, die Tat seines Gegners als Verzweiflung auszulegen, glaubt Hahn vermutlich ein leicht gewonnenes Endspiel herbeiführen zu können. Zu bald indessen muß er feststellen, daß er sich geirrt hat. Weit besser war es, 28. Dc3—c5 zu spielen (nicht Dc3—d4 wegen Sd5—f4: 29. Dd4—d8: Sf4—e2† nebst Tf8—d8:). Antwortete Carls dann wie in der Partie — und er hat nichts vernünftigeres — Sd5—e7, so konnte folgen 29. Dc5—a7: Dd8—d2 30. Tc1—c2 Dd2—b4 31. Da7—e3 Tf8—d8 32. Tc1—c4 Db4—a3 33. Th1—e1 Se7—f5 34. Le4—f5: Lg4—f5: 35. Tc4—d4 Td8—d4: 36. De3—d4: Da3—b3‡ 37. Te1—e3 Db3—e6 38. Te3—c3. Damit ist eine Stellung erreicht, die von Weiß langsam gewonnen wird. Die Herrschaft über die schwarzen Felder entscheidet.

28.	....	Sd5—e7
29.	Dd2—d8:	Tf8—d8:
30.	Tc1—c7	Se7—f5†!
31.	Le4—f5:	Lg4—f5:
32.	Th1—e1	Td8—d3†
33.	Kg3—f2	Lf5—e6

e5—e6 mußte verhindert werden.

34.	Tc7—b7:	Td3—h3

Die unbeweglichen Bauern h4 und f4 erweisen sich als äußerst anfällig und die weißen Türme als sehr schwerfällig. Von Gewinn für Weiß ist keine Rede mehr.

35.	f4—f5	....

Oder 35. Tb7—a7: Th3—h4: 36. Te1—e4 g6—g5 37. b3—b4 g5—f4: 38. b4—b5 Th4—h2† 39. Kf2—g1 Th2—b2 40. Te4—f4: (sonst f4—f3!) Tb2—b5:.

35.	....	g6—f5:
36.	Te1—g1†	Kg7—h7
37.	b3—b4	Th3—h4:
38.	Tg1—a1	f5—f4
39.	Ta1—a7:	Th4—h2†
40.	Kf2—g1	Th2—e2
41.	Tb7—f7‡	....

Er muß. Auf b4—b5 geht der f-Bauer vor.

41.	....	Le6—f7:
42.	Ta7—f7‡	Kh7—g6
43.	Tf7—f4:	Remis.

Die 5. Runde.

Es geht drunter und drüber. Wer gestern noch mit dem ehernen Schritt des Siegers an der Spitze der Turniertabelle schritt, mußte heute das Vergängliche alles Irdischen erfahren. So wurde Lange von Dr. Antze mit geradezu jugendlichem Elan überrannt und schon nach 25 Zügen zur Kapitulation gezwungen. Den Dresdner Grohmann beseelte in seiner Partie gegen Elstner der gleiche Angriffsgeist. Aber sein Unternehmen war wenig gut fundiert, und da er versäumt hatte, rechtzeitig seinen König in Sicherheit zu bringen, mußte er es sich gefallen lassen, daß sein Flügelangriff durch einen Stoß im Zentrum pariert wurde. Die Folge war eine Niederlage Grohmanns.

Ein schwerblütiges Ringen entwickelte sich in der Partie John–Weißgerber. Der erstere zernierte seinen Gegner, der immer auf der Lauer stand, eine unvermittelte Attacke vom Zaun zu brechen, auf beiden Flügeln. Er formierte seine schweren Figuren Turm, Dame und Turm in tiefer Kolonne hintereinander zu einem gewaltigen Stoßtrupp und drang weit ins feindliche Lager ein, gewann Material und damit die Partie. Unentschieden endeten die Partien Rödl–Wächter und Borgardts–Schmitt. In der letzteren wurde Schmitt bereits zu den Toten gezählt, aber die Schachgöttin schlug den Gegner mit Blindheit, er kam mit einem glücklichen Remis davon. Inzwischen hatte sich um die Partie Carls–Reinhardt ein undurchdringlicher Kreis von Zuschauern versammelt. Reinhardt schien Angriff zu haben, aber der Bremer Meister wehrte sich mit der unerschütterlichen Ruhe, die seinem Spiel immer schon eigentümlich war, brach zum Gegenangriff vor und siegte im Endspiel. Engels gewann gegen Heinrich, während Heinicke–Hahn schiedlich-friedlich mit Remis auseinandergingen. Krause brachte gegen Dr. Lachmann ein interessantes Opfer, hätte aber bei kunstgerechter Abwehr nicht mehr als Remis erreichen dürfen. Da der Doktor sich unzureichend verteidigte, verlor er.

Die Ergebnisse: 1 Engels–Heinrich 0, 1 John–Weißgerber 0, 1 Dr. Antze–Lange 0, $^1/_2$ Dr. Rödl–Wächter $^1/_2$, 0 Dr. Lachmann–Krause 1, 1 Carls–Reinhardt 0, $^1/_2$ Borgardts–Schmitt $^1/_2$, 0 Grohmann–Elstner 1, $^1/_2$ Heinicke–Hahn $^1/_2$.

Stand: Carls 4, John, Dr. Rödl $3^1/_2$, Lange, Engels, Dr. Antze, Heinicke, Grohmann, Krause 3, Weißgerber, Dr. Lachmann, Elstner $2^1/_2$, Hahn, Reinhardt, Heinrich 2, Borgardts, Schmitt 1, Wächter $^1/_2$.

Gerade diese bewegte 5. Runde wirft erneut ein helles Licht auf den Kampfcharakter des Schachs und gibt Anlaß zu einer Betrachtung darüber und über seine erzieherischen Werte.

Schach als Persönlichkeitsschulung.

Nach den programmatischen Erklärungen der Führung des Großdeutschen Schachbundes wollen wir es anstreben, „das Schach wegen seiner hohen geistigen und kulturellen Bedeutung zum Nationalspiel des geeinigten deutschen Volkes zu machen und es einzubauen in die Bestrebungen und Arbeiten der heutigen Reichsregierung, die auf Ertüchtigung des deutschen Volkes abzielen".

Die Ertüchtigung, die wir wollen, ist Persönlichkeitsschulung. Der Reichsminister Dr. Frick hat vor einiger Zeit gesagt: „Die Erhaltung der Persönlichkeit ist nach wie vor bedeutsame Aufgabe, aber den selbstverständlichen Rahmen bildet die Volksgemeinschaft." Gewiß, je kräftiger der einzelne deutsche Mensch als Persönlichkeit ist, um so kraftvoller, wehrhafter muß die Nation sein. Mit vollem Rechte hat daher der Reichssportkommissar von Tschammer-Osten es als die große Aufgabe des Sports gekennzeichnet, einen starken, innerlich gefestigten Menschen zu schaffen. Unsere Ertüchtigungsbestrebungen sollen also die Grundlage liefern für die eigentliche Tätigkeit, die wir im Dienste der Nation zu leisten haben, wo es auch immer sein möge, sei es am Schraubstock, sei es am Katheder. Der Sport, der Selbstzweck ist, der nichts kennt als Rekordsucht oder gar nur der Selbstverherrlichung des einzelnen dient, ist wurzellos und wird entarten.

Die Persönlichkeitsschulung wird dort am wirksamsten sein, wo von den Individuen Entschlüsse und Taten verlangt werden, denn der Charakter des Menschen offenbart sich im Handeln. Entschlüsse und Taten aber sind dort zu Hause, wo Kampf ist.

Schach ist Sport. Dieser hat im Kampf seine belebende Wurzel, sein Kennzeichen ist das Im-unmittelbaren-Streite-gegeneinander-sein. Von daher empfängt er seine erzieherischen Eigenschaften über die rein körperliche Übung hinaus, von ihm kommt z. B. dem Begriff Wehrsport Leben und Farbe. Nun hat indessen kaum eine unter allen Sportarten einen so schweren, vollgültigen Kampfcharakter wie das Schach. Dieses Urteil mag dem Fernstehenden, der bisher im Schach nur eine geistreiche Unterhaltung zu sehen gewohnt war, etwas befremdlich erscheinen. Sicherlich: wir kennen keine lärmenden Zuschauermengen, unseren Kämpfen fehlen die sinnfälligen Bilder des Sportplatzes. Wenn wir aber 16 Tage solcher Kämpfe wie in Aachen miterleben, sei es auch nur als Zuschauer, dann erfahren wir, von welch vulkanischer Spannung, von welch echter Dramatik, von welch tiefer Erregung diese scheinbar so stille Welt erfüllt ist.

Der Schachkampf ist kein abstraktes Abmessen der Kräfte, in der es zur Erringung des Erfolges etwa nichts weiter bedürfe als der folgerichtigen Anwendung gewisser strategischer und taktischer Grundsätze. Wir werden nicht müde, immer wieder zu betonen, daß die Schachpartie nichts weniger als ein friedliches Gedankenspiel sei. Natürlich erfordert sie schärfste Denkarbeit, und insofern ist sie eine ausgezeichnete Denkschulung. Und sie, diese Denkarbeit wird von der Phantasie beflügelt werden müssen, soll sie fruchtbar werden. Aber beide, Intellekt und Phantasie, stehen im Dienste des Willens, eines Willens nämlich, der es sich zum Ziele gesetzt hat, den Gegner niederzuringen, koste es, was es wolle. Unzweifelhaft ist die Schachpartie ihrem ursprünglichen Wesen nach das Aufeinanderprallen von zwei lebendigen, entgegengesetzten Willensäußerungen.

Das Handeln hat im Schachkampf das Übergewicht über das Erkennen. Charaktereigenschaften wie Standhaftigkeit, Ehrgeiz, Mut, Selbstvertrauen, Entschlußkraft spielen durchaus eine entscheidende Rolle. Wir wenden uns bewußt von dem müden, blutleeren Rationalismus, der um die Jahrhundertwende (Tarrasch-Ära) die Szenerie beherrschte und die Methode und das Schema zum Gott erhob. Von jener Zeit also, in der man auf der Jagd nach dem „besten" Zuge war. Wie der ganze Sinn unserer deutschen Gegenwart, so liegt der Charakter des Schachs für uns durchaus im Willensmäßigen.

Wenn in Aachen 2 volle Wochen hindurch in vollster Anspannung Tag für Tag 6, 7, 8, ja 10 Stunden gekämpft wurde, dann wird niemand mehr zweifeln, daß hier der letzte Einsatz der Persönlichkeit gefordert wird, und daß jede Persönlichkeit sich voll auswirken kann. Jedermann wird zugeben müssen, daß höchste körperliche und geistige Bereitschaft die Voraussetzung für den Enderfolg ist.

Der wird aber auch zugeben müssen, daß in solchen Kämpfen ein immer wieder neu sprudelnder Quell der Selbstbesinnung und der Selbsterziehung gegeben ist, sofern nur der Mut zur Selbstkritik vorhanden ist. Die Schachpartie ist kein Fußball- oder Tenniskampf, in dem es auf das instinktive Erfassen des Augenblicks ankommt. Die Schachpartie erfordert Besonnenheit, reifliche Überlegung, und gerade darum ist die Verantwortlichkeit des Spielers sich selbst gegenüber um so größer. Gerade darum steht er nachher um so heller im Lichte der Kritik. Wenn er ehrlich auf seine Partien zurückblickt, sich Rechenschaft über deren Gesamtverlauf ablegt, dann wird er ermitteln, daß sein Verlust nicht allein auf irgendwelche zufälligen Denkfehler zurückzuführen ist, sondern irgendwie ein Ausfluß seiner Persönlichkeit ist. Er wird daraus lernen, er wird aus dieser immer neu einsetzenden Selbstanalyse und Selbstüberwachung allmählich erfahren, wer er ist. Sein kämpferisches Bewußtsein wird sich in dieser Willensschulung voll entfalten. Man wird oft genug schwanken und straucheln, aber wenn Geist und Herz stark sind, braucht man am schließlichen Erfolge nicht zu verzweifeln. Schon das Bemühen, vorwärts zu kommen, wirkt belebend und kräftigend, und wenn wir das Ziel auch nicht immer erreichen, so wird uns doch jedes ehrliche Streben fördern. „Das bloße Wollen und auch Können an sich", sagt Schopenhauer (dessen orientalische Entsagungslehre im übrigen weitab von unseren Wegen liegt), „ist noch nicht zureichend, sondern ein Mensch muß auch wissen, was er will und wissen, was er kann:

erst so wird er Charakter zeigen, und erst dann kann er etwas Rechtes vollbringen."

Das Schach ist Allgemeingut schlechthin. Der Kampf auf dem schwarz und weiß gewürfelten Brett orientiert sich an objektiven Gesetzen, die kein Deuteln und Drehen, keine gleißnerischen Verträge gestatten. Zweifellos darf das Schach daraus das Recht herleiten, zu seinem Teil die Rolle eines Mittlers zwischen den Nationen zu spielen. Auf internationalen Turnieren kann unzweifelhaft Verständigungsarbeit geleistet werden.

Wenn so dem Schach ein universaler Charakter anhaftet, so sind seine Bedingungen doch von solch eigentümlicher Art, daß sie ein volles Ausleben der nationalen Eigenschaften gestatten. Die Ursache dafür wurzelt wiederum im Element des Kampfes. Wie in der einzelnen Partie die besonderen Anlagen und der Charakter der Kämpfer ihren zeitlich gebundenen Ausdruck finden, so gewinnen in der Summe der Leistungen der einzelnen die Charaktere der Nationen sichtbare Gestalt. Die schachliche Leistung bekundet sich allein im Erfolg, im Sieg über den Gegner. Was an kämpferischen Qualitäten in dem einzelnen Volke steckt, was es an Willen zur Macht, an Temperament, an Fähigkeit zu systematischer Arbeit, an Phantasie, an Selbstbewußtsein in seinem Blute hat, offenbart sich so deutlich wie seine Fehler und Schwächen. Die Möglichkeit, sich mit anderen Nationen im geistigen Wettstreit zu messen — mit gleichen, untadeligen Waffen — und in den Resultaten einen Maßstab für die Geltung unter ihnen zu finden, wenn auch nur auf einem begrenzten Gebiete, ist gewiß ein mächtiger Ansporn für das Schachleben jedes Volkes. So hat es durchaus einen Sinn, von einem nationalen Schach zu sprechen.

Nr. 10. Bremer Partie.

	Weiß: Dr. Antze	Schwarz: Lange
1.	c2—c4	Sg8—f6
2.	Sb1—c3	g7—g6
3.	e2—e4	d7—d6
4.	d2—d4	Lf8—g7
5.	f2—f3	0—0
6.	Lc1—e3	e7—e5

Das mit dieser Zugfolge gestellte Eröffnungsproblem ist nach wie vor von bedeutendem Interesse. In seiner klaren Ausdrucksweise hat Aljechin das Charakteristische der nach e7—e5 entstandenen Stellung folgendermaßen formuliert („Auf dem Wege zur Weltmeisterschaft", Walter de Gruyter & Co. 1932): „Der ganze weiße Aufbau wäre kraft- und saftlos, wenn der Nachziehende das Zentrumsproblem auf diese einfache Art lösen könnte. Dieses ist aber meines Erachtens nicht der Fall. Nur trifft Weiß hier nicht die richtige Antwort (3. Wettpartie Aljechin-Euwe, Amsterdam 1926. Aljechin zog 7. d4—d5), welche in 7. Sg1—e2 bestand. Geschieht darauf 7. .... Sb8—c6 oder Lc8—e6, so folgt 8. d4—d5; nach 7. .... e5—d4: 8. Se2—d4: Sb8—c6 folgt aber einfach 9. Lf1—e2 nebst Dd1—d2 und — je nachdem — 0—0 bzw. 0—0—0 bei klarem Raumvorteil für Weiß; falls endlich 7. .... Tf8—e8, so 8. Dd1—d2, und Schwarz wird sich doch entschließen müssen, die Lage im Zentrum irgendwie zu klären. Alles in allem muß diese Spielweise meiner Meinung nach immer zum Vorteil des Anziehenden ausfallen, erfordert aber eine besonders genaue Berücksichtigung aller taktischen Einzelheiten."

Diese letztere Einschränkung ist wesentlich, sie wird es demjenigen Schachspieler, der noch kein Könner von hohen Graden ist, schwer machen, als Führer der Weißen festen Boden unter den Füßen zu gewinnen. In einer Korrespondenzpartie Brinckmann-Krantz z. B. setzte der letztere originell nach 7. Sg1—e2 Sb8—d7 8. Dd1—d2 Sf6—e8 9. g2—g4 mit e5—d4: 10. Se2—d4: c7—c5! 11. Sd4—c2 Sd7—e5 12. Lf1—e2 Lc8—e6 13. Sc3—d5 Le6—d5: 14. c4—d5: fort. Schwarz konnte jetzt mit b7—b5! ein gutes Spiel erreichen. Wenn das aber zutrifft, dann wird 9. g2—g4 durch einen anderen Zug ersetzt werden müssen, sofern das Aljechinsche Schlußurteil Geltung behalten soll. Aber durch welchen?

7.	Sg1—e2	Sb8—c6
8.	Dd1—d2	Sf6—e8
9.	d4—d5	Sc6—b8
10.	g2—g4	f7—f5
11.	g4—f5:	g6—f5:

(S. Stellungsbild)

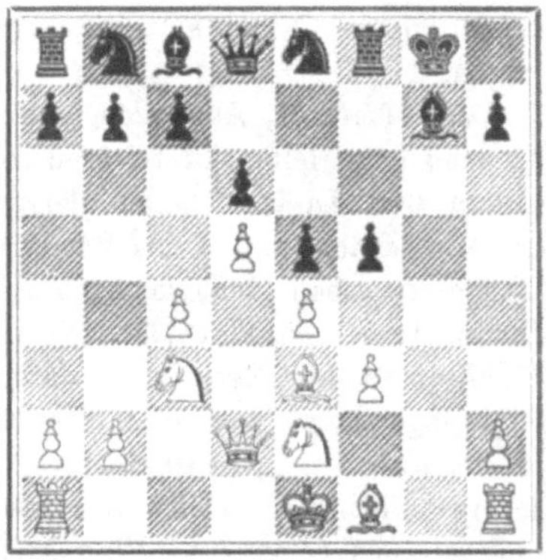

12. Le3—g5! ....

Bringt den Läufer günstig ins Spiel. Auf die gegebene Entgegnung 12. .... Lg7—f6 könnte sich die Partie etwa so weiterentwickeln: 13. Lg5—h6 Se8—g7 14. e4—f5:! Lc8—f5: 15. Se2—g3 Lf5—g6 16. 0—0—0 Sb8—d7 17. Lf1—d3 Lg6—d3: 18. Dd2—d3:. Weiß wird durch Besetzung des Punktes e4 ein gewisses Übergewicht haben.

12. .... Dd8—d7

Das hingegen ist ein grober Fehler, der in wenigen Zügen zum Verlust führt.

13.	Lf1—h3	Dd7—f7
14.	Se2—g3	Df7—g6
15.	Sg3—f5:	Lc8—f5:
16.	Lh3—f5:	Tf8—f5:

Zum Überfluß ist auch das noch erzwungen, weil nämlich nach 16. .... Dg6—h5 17. Lf5—g4 Dh5—g6 das Eindringen 18. Lg4—c8 dem Schwarzen den Garaus macht.

17.	e4—f5:	Dg6—f5:
18.	0—0—0	Sb8—d7
19.	Th1—g1	Kg8—h8
20.	Lg5—h6	Df5—f3:
21.	Td1—f1	Df3—h5
22.	Lh6—g7†	Se8—g7:
23.	Tg1—g5	Dh5—h3
24.	Tf1—f7	Aufgegeben.

Nr. 11. Damengambit.

Weiß: Grohmann.	Schwarz: Elstner.
1. d2—d4	Sg8—f6
2. c2—c4	e7—e6
3. Sg1—f3	d7—d5
4. Lc1—g5	Lf8—e7
5. e2—e3	0—0
6. Sb1—c3	Sb8—d7
7. Ta1—c1	a7—a6
8. c4—c5	....

Zweischneidig, um nicht mehr zu sagen. Zugunsten eines im Zwielicht der Zukunft liegenden Spiels auf dem Damenflügel gibt Weiß den Druck auf den Punkt d5 auf und läßt so ein früher oder später erfolgendes Vorgehen in der Mitte mit e6—e5 zu. Bewährt hat sich auf 7. .... a7—a6, womit ja d5—c4: nebst b7—b5 beabsichtigt ist, das ausweichende 8. c4—d5:.

8.	c7—c6
9. b2—b4	Sf6—e8
10. Lg5—f4	f7—f6
11. Lf1—d3	Tf8—f7
12. h2—h4	....

Das Signal zu einem Bauernsturm. Vertraute Grohmann darauf, daß die im Augenblick beengt und ungeordnet erscheinende schwarze Stellung einen überfallartigen Angriff zuläßt? Dann wird er sich rasch enttäuscht gefunden haben. Die schwarze Stellung ist weit elastischer, als es den Anschein hat. Eben deswegen war der natürliche Plan der, mit Dd1—c2, 0—0 und gegebenenfalls e3—e4 stillere Pfade zu wandeln. Schwarz hätte sich demgegenüber zweckmäßig wohl mit g7—g6, Le7—f8—g7 aufgebaut.

12.	g7—g6
13. g2—g4	e6—e5!

Kaum hat Weiß die ersten Schritte auf dem Königsflügel getan, da wird er schon in der Mitte vom Gegenstoß getroffen, und aus dem Angreifer wird im Handumdrehen der Angegriffene. Das zweifache Nehmen auf e5 ist schlecht, denn nach 14. d4—e5: f6—e5: 15. Lf4—e5: Tf7—f3: geht Material verloren und nach 15. Sf3—e5: Sd7—e5: 16. Lf4—e5: Le7—h4 ist die Initiative ganz auf Schwarz übergegangen.

14. d4—e5:	f6—e5:
15. Sf3—g5	....

Droht Damenfang durch Sg5—e6. Aber dies sehen und parieren, — ist eins. Übrigens ist auch 15. Lf4—g3 e5—e4 16. Sf3—d4 (droht wieder Sd4—e6) nachteilig, und zwar wegen 16. .... Sd7—c5:!.

15.	Le7—g5:
16. Lf4—g5:	Sd7—f6
17. f2—f3	....

Eine weitere Schwächung der Stellung. Der Punkt g4 wäre besser durch Ld3—e2 gesichert worden. Indessen, wenn man so rasch aller Hoffnungen beraubt wird wie Grohmann in dieser Partie, dann legt sich gar zu leicht der Schatten der Depression auf Denk- und Entschlußkraft.

17. .... Dd8—c7
18. e3—e4 ....

Um nicht selbst von e5—e4 überrascht zu werden.

18. .... d5—d4
19. Sc3—e2 Lc8—e6
20. Tc1—c2 Se8—g7
21. Se2—c1 ....

Immerhin war Se2—g3 stellungsgemäßer.

21. .... Ta8—f8
22. Tc2—g2 Kg8—h8
23. Ld3—e2 b7—b5!
24. Dd1—d2 Le6—c4
25. Le2—d1 ....

Das ist zwar ein schweres Versehen, doch auch nach 25. Sc1—d3 steht Schwarz überlegen. Eine Möglichkeit weiterzukommen, wäre z. B. a6—a5 (26. b4—a5: Tf8—a8).

25. .... Sf6—e4:!

Dieser Springer nämlich kann wegen des Matts auf f1 nicht geschlagen werden.

26. Dd2—c2 Se4—c3
27. h4—h5 g6—h5:
28. Tg2—h2 e5—e4
29. f3—f4 Sc3—d5
30. Sc1—e2 Sd5—b4:
31. Dc2—e4: Sb4—d3†
32. Ke1—f1 ....

Oder Ke1—d2 Dc7—a5†.

32. .... Sd3—f4:
33. Kf1—g1 Sf4—e2‡
34. Ld1—e2: Dc7—g3†
35. De4—g2 Tf7—f1†
36. Le2—d1: Tf8—f1 matt.

Die 6. Runde.

Die langerwartete Sensation ist da. Dr. Rödl, einer von den Favoriten, wurde von dem Westdeutschen Lange in einem schneidigen Angriff zerschmettert. Es zeigte sich auch hier wieder, daß die Vertreter der Meistergilde es sich doch nicht herausnehmen können, gegen die unbekannten Schachsoldaten gewagte Experimente vorzunehmen.

Rödls Konkurrent, Carls, war glücklicher. Trotz des zähen Widerstandes seines Gegners Krause vermochte er dennoch in einem langen Endspiel die Partie im letzten Augenblick infolge eines Fehlgriffs seines Gegners für sich zu entscheiden. Im Kampf der beiden Hamburger Reinhardt und Heinicke siegte der letztere durch ausgezeichnete Behandlung der Schlußphase der Partie. Ein kurzes, tragikomisches Gefecht gab es in der Partie Hahn-Borgardts. Hier beging der Kölner schon unmittelbar nach der Eröffnung einen groben Fehler, verlor eine Figur und damit die Partie. Nur 15 Züge dauerte dieses Zusammentreffen. Ein wechselreiches Kampfgeschehen rollte in der Partie Schmitt-Grohmann ab. Schon glaubte der erstere, durch einige sehr witzige Wendungen in entscheidenden Vorteil kommen zu können, als der

Dresdner durch eine schlagende Entgegnung die Unzulänglichkeit der Schmittschen Manöver nachwies und gewann.

Johns Partieführung ist nach wie vor voll Kraft und Saft. Diesmal mußte Engels sich seiner Energie beugen. Durch eine für den Kenner bestechende Kleinarbeit gewann Dr. Antze gegen Weißgerber im Endspiel. Elstner sicherte sich gegen Heinrich einen Punkt, nachdem dieser dem Remis ausgewichen war. Remis: Wächter-Dr. Lachmann.

Die Ergebnisse: 0 Heinrich-Elstner 1, 0 Schmitt-Grohmann 1, 1 Hahn-Borgardts 0, 0 Reinhardt-Heinicke 1, 0 Krause-Carls 1, $^1/_2$ Wächter-Dr. Lachmann $^1/_2$, 1 Lange-Dr. Rödl 0, 0 Weißgerber-Dr. Antze 1, 0 Engels-John 1.

Stand: Carls 5, John $4^1/_2$, Lange, Dr. Antze, Heinicke, Grohmann 4, Dr. Rödl, Elstner $3^1/_2$, Engels, Dr. Lachmann, Hahn, Krause 3, Weißgerber $2^1/_2$, Reinhardt, Heinrich 2, Borgardts, Schmitt, Wächter 1.

Nr. 12. Damengambit.

	Weiß: Lange.	Schwarz: Dr. Rödl.
1.	d2—d4	Sg8—f6
2.	Sg1—f3	e7—e6
3.	c2—c4	d7—d5
4.	Lc1—g5	Lf8—e7
5.	e2—e3	0—0
6.	Sb1—c3	b7—b6
7.	c4—d5:	....

Ob diese Methode geeignet ist, dem Nachziehenden besondere Schwierigkeiten zu bereiten, darf füglich bezweifelt werden. Die Aufrechterhaltung der Bauernspannung im Zentrum stellt jenem sicherlich das schwierigere Problem. So darf die Fortsetzung 7. Dd1—c2 c7—c5 8. Ta1—d1 als sehr empfehlenswert bezeichnet werden. Ein anderer Weg besteht in 7. Ta1—c1 und erst auf Lc8—b7 8. c4—d5: nebst Lf1—d3.

7.	....	e6—d5:
8.	Lf1—d3	Lc8—e6
9.	Sf3—e5	c7—c5

Es ist zwar richtig, daß der Vorstoß des c-Bauern das A und O des schwarzen Partieaufbaus ist. Sobald aber der Zug 9. Sf3—e5 geschieht, muß der Entlastungszug Sf6—d7 eingeschoben werden. Auf 10. Lg5—f4 antwortet Schwarz dann Sd7—e5: und auf 10. Lg5—e7: Dd8—e7: 11. f2—f4 mit f7—f6.

10.	0—0	c5—c4

Zu früh! Das kleinere Übel war immer noch Sf6—d7.

11.	Ld3—c2	a7—a6
12.	f2—f4	b6—b5

In zahlreichen Partien der Vergangenheit ist der Nachweis erbracht worden — der Amerikaner Pillsbury gab um die Jahrhundertwende das große Vorbild —, daß der weiße Königsangriff viel schneller heranreift, als das Vorgehen des Schwarzen auf dem Damenflügel wirksam wird. Auch die vorliegende Partie ist ein Schulbeispiel dafür.

13.	a2—a3	Dd8—d6
14.	Tf1—f3	Sb8—c6
15.	Tf3—g3	Le6—d7

Die schwarze Stellung ist bereits sturmreif geworden. Z. B. I. 15. .... g7—g6 16. Se5—c6: Dd6—c6: 17. f4—f5 Le6—d7 18. f5—g6: f7—g6: 19. Lc2—g6: h7—g6: 20. Tg3—g6‡ Kg8—f7 21. Dd1—h5 Tf8—h8 22. Tg6—f6‡ Kf7—f6: 23. Ta1—f1† Kf6—e7 24. Tf1—f7† usw. Oder 21. .... Kf7—e7 22. Sc3—d5‡ Ke7—d8 23. Tg6—f6: Tf8—f6: 24. Dh5—h8†. Oder endlich 21. .... Ke7—e6 22. Dh5—e5† Ke6—f7 23. Tg6—f6‡ Dc6—f6: 24. Ta1—f1. II. 15. .... Kg8—h8 16. Lg5—f6: Le7—f6: 17. Dd1—h5 h7—h6 18. Tg3—g6! (droht Tg6—h6‡) f7—g6: 19. Dh5—g6:. Oder 17. .... g7—g6 18. Lc2—g6:! f7—g6: 19. Se5—g6‡ Kh8—g8 20. f4—f5! Le6—f7 21. Sg6—e5† Lf6—g7 22. Dh5—g5. Auch nach Rödls Zug geht es mit Donner und Blitz zu Ende.

16.	Lg5—f6:	Le7—f6:
17.	Dd1—h5	g7—g6
18.	Se5—g6:	f7—g6:

und Dr. Rödl gab gleichzeitig auf. Tg3—g6‡ gewinnt sofort, da nach h7—g6:, Dh5—g6: Lf6—g7 die Dame verloren ist.

Partiestellung Nr. 3.

Dr. Antze.

Weißgerber.

Weißgerber hatte gegen die Grünfeld-Verteidigung des Damenbauerspiels: 1. d2—d4 Sg8—f6 2. c2—c4 g7—g6 3. Sb1—c3 d7—d5 das allgemeine Vorgehen 4. c4—d5: Sf6—d5: 5. e2—e4 Sd5—c3: 6. b2—c3: Lf8—g7 7. f2—f4 gewählt. Die weißen Bauern haben sich festgelaufen und drohen mit Lc8—b7 völlig lahmgelegt zu werden. Im Verein mit der Mehrheit der Bauern auf dem Damenflügel ist das schwarze Läuferpaar im Aufbruch zu neuerlichem Triumphe begriffen. Weißgerber glaubt der Gefahr am nachdrücklichsten zu begegnen, indem er die feindlichen Damenflügelbauern angreift und beseitigt.

22.	d4—d5	Lc8—b7
23.	Sf3—d4	Lb7—d5:
24.	Sd4—b5	Ld5—a2:
25.	Sb5—a7:	g6—g5!

Ausgezeichnet. Bevor er seinen Plan durchführen kann, wird Weiß auf dem anderen Flügel vor neue

Aufgaben gestellt. Die Verteidigung 26. g2—g3 ist wegen g5—f4: 27. g3—f4: Lg7—h6 28. Kg1—f2 La2—c4 und b6—b5 unzulänglich und die Folge 26. f4—g5: Lg7—e5: ist angesichts der Tatsache, daß Schwarz über einen stoßkräftigen, freien e-Bauern verfügt, nicht erfreulicher. Infolgedessen gibt Weißgerber den f-Bauern her.

26.	Le3—b6:	g5—f4:
27.	Sa7—c6	e7—e6
28.	Lb6—d4	Kg8—f8
29.	Sc6—b4	La2—b1
30.	Kg1—f2	Lb1—e4
31.	Sb4—a2	Lg7—h6
32.	Sa2—c3	Le4—c6
33.	Sc3—e2	Kf8—g7
34.	Ld4—c3	Lc6—b5
35.	Se2—d4	Lb5—c4
36.	Sd4—c6	Lh6—g5
37.	Lc3—b4	Lc4—d5
38.	Sc6—d4	Lg5—d8!
39.	Lb4—c5	Ld8—c7

Der Fall des Bauern e5 ist nicht aufzuhalten (40. Lc5—d6 Lc7—b6). Die schwarzen Läufer haben sich als allmächtig erwiesen. Es folgten noch die Züge: 40. Sd4—f3 Kg7—g6 41. Lc5—d4 Kg6—f5 42. Sf3—h4† Kf5—e4 43. Sh4—f3 Ke4—f5 44. Sf3—h4† Kf5—e4 45.Sh4—f3 h7—h6 46. Ld4—c5 Ke4—d3 47. Lc5—f8 Lc7—b6† 48. Kf2—f1 Ld5—f3: 49. g2—f3: h6—h5 50. Lf8—h6 Kd3—e3 51. Kf1—g2 Lb6—c7 52. Lh6—g7 Ke3—d4 53. Kg2—f2 Lc7—e5: 54. Lg7—h6 Kd4—d3 55. Lh6—g5 Le5—d4† 56. Kf2—g2 Kd3—e3 57. h2—h3 f7—f5. Weiß gab auf.

Nr. 13. Französisch.

	Weiß: Reinhardt	Schwarz: Heinicke
1.	e2—e4	e7—e6
2.	d2—d4	d7—d5
3.	Sb1—c3	Sg8—f6
4.	Lc1—g5	d5—e4:
5.	Sc3—e4:	Sb8—d7
6.	Sg1—f3	Lf8—e7
7.	Lg5—f6:	....

Nach Richterschem Rezept kann man mit 7. Se4—f6: Le7—f6 8. h2—h4 frühzeitig eine scharfe Note in die Eröffnung hineinbringen.

7.	....	Sd7—f6:
8.	Lf1—d3	b7—b6
9.	Dd1—e2	Lc8—b7
10.	0—0	0—0
11.	c2—c4	....

Daß Schwarz c7—c5 spielen will und muß, ist klar. Der gegebene Zug ist daher in dieser oft schon dagewesenen Stellung Ta1—d1. Heinicke hätte daraufhin an dem Besitze des Läuferpaares, dem er so manchen Sieg in seiner „französischen“ Partie verdankt, auf lange Zeit kaum Freude gehabt. Da auf 11. Ta1—d1 c7—c5 wegen d4—c5: b6—c5:, Se4—f6‡ Le7—f6:, Ld3—h7‡ nicht angängig ist, wird Schwarz (nach Heinicke) 11. .... Dd8—c8 ziehen. Es folgt dann 12. Sf3—e5 und Schwarz kann noch immer nicht 12. .... c7—c5 spielen: 13. d4—c5: b6—c5: 14. Se4—f6‡ Le7—f6: 15. Se5—d7. Nach dem von Reinhardt gewählten Zuge ist für Schwarz alles in schönster Ordnung.

11.	....	c7—c5!
12.	Ta1—d1	Dd8—c7

13. Ld3—b1 Ta8—d8
14. b2—b3 Dc7—f4
15. Tf1—e1 c5—d4:
16. Td1—d4: ....

Der Springer darf nicht nehmen, die Fesselstellung, die nach 16. Sf3—d4: Sf6—e4: 17. Lb1—e4: Lb7—e4: 18. De2—e4: Df4—e4: 19. Te1—e4: Td8—d7 entsteht, wäre tödlich. (20. Kg1—f1 Tf8—d8 21. Kf1—e2 e6—e5 22. Te4—e5: Le7—f6.)

16. .... Td8—d4:
17. Sf3—d4: Tf8—d8
18. Se4—f6‡ ....

Man sieht, wie die weiße Partie vom 11. Zuge ab als Folge des vom Gegner mit c7—c5 erfolgreich aufgenommenen Kampfes um die Mitte langsam ins Gleiten gekommen ist. Zu dem Tausch auf f6 ist Reinhardt gezwungen, andernfalls nämlich (18. Sd4—f3) wäre Lb7—e4: 19. Lb1—e4: Le7—b4! sogleich verderblich.

18. .... Df4—f6:
19. Sd4—c2 Df6—g5
20. Sc2—e3 Le7—c5

21. Lb1—c2 ....

Schwarz ist vermöge seines ideal postierten Läuferpaares Herr der Stellung. Der Bauernverlust, den Weiß nunmehr erleidet, war nur durch die gewiß nicht erstrebenswerte Lockerung g2—g3 zu vermeiden. Da er keine Wahl hatte, mußte Reinhardt sich aber schon dazu verstehen.

21. .... Lc5—e3:
22. f2—e3: Dg5—g2‡
23. De2—g2: Lb7—g2:
24. Te1—d1 Td8—d1:
25. Lc2—d1: Lg2—e4
26. b3—b4 Kg8—f8
27. Kg1—f2 Kf8—e7
28. Kf2—g3 Ke7—d6
29. Kg3—f4 Le4—d3
30. Ld1—b3 e6—e5†
31. Kf4—g5 f7—f6†
32. Kg5—g4 a7—a5
33. a2—a3 a5—b4:
34. a3—b4: g7—g6
35. Kg4—f3 f6—f5
36. h2—h4 h7—h6
37. Kf3—g3 g6—g5
38. h4—g5: h6—g5:
39. Kg3—f3 e5—e4†
40. Kf3—g3 Kd6—e5
41. Kg3—g2 f5—f4
42. Kg2—f2 Ke5—f5
43. Lb3—a2 Kf5—f6
44. La2—b3 Kf6—e5
45. Lb3—a2 g5—g4
46. c4—c5 ....

Das Läuferendspiel war von Anfang an hoffnungslos. Unterläßt Weiß den Bauernvorstoß, so gewinnt (46. La2—b3) g4—g3† 47. Kf2—g2 f4—e3: 48. Kg2—g3: Ke5—d4 leicht.

46. .... b6—c5:
47. b4—c5: Ld3—a6
48. e3—f4‡ ....

Oder 48. c5—c6 g4—g3† 49. Kf2—g2 f4—e3: 50. Kg2—g3: Ke5—d4 51. La2—b1 Kd4—c3 52. Lb1—e4: e3—e2 53. Kg3—f2 Kc3—d2.

48. .... Ke5—f4:
49. La2—e6 g4—g3†
50. Kf2—e1 Kf4—f3
51. Le6—d5! ....

(S. Stellungsbild)

Noch eine kleine Falle zum Schluß. Das sorglose 51. .... g3—g2 hätte zum Remis geführt: 52. Ld5—e4‡ Kf3—e4: 53. Ke1—f2 La6—f1 54. c5—c6.

51. .... Kf3—e3

Weiß gibt auf. Jetzt, da der

Bauer e4 nicht mehr mit Schach genommen werden kann, ist gegen g3—g2 kein Widerstand mehr möglich.

Die 7. Runde.

Dr. Rödl mußte noch einmal die Bitternis einer Niederlage hinnehmen. Das war das Kennzeichen dieses Tages. Er beging gegen Weißgerber einen handgreiflichen Fehler, der ihm einige Bauern und damit die Partie kostete. Carls kämpft nach wie vor im großen Stile. Der sich mit allen Mitteln wehrende Wächter konnte eine Niederlage nicht vermeiden. Mit einem Siege über Borgardts fing Reinhardt in dieser Runde an, sich auf sein besseres Ich zu besinnen. Heinickes Gewinnpartie gegen Krause gefiel durch die klare logische Linie und John vollbrachte eine neuerliche Kraftleistung, indem er Heinrich bezwang. Lange gewann im letzten Augenblick gegen Dr. Lachmann. Hahn triumphierte über Grohmann, der mit einem Male nachläßt und Elstner über Schmitt. Dr. Antze-Engels remis.

Die Ergebnisse: 1 John-Heinrich 0, $^1/_2$ Dr. Antze-Engels $^1/_2$, 0 Dr. Rödl-Weißgerber 1, 0 Dr. Lachmann-Lange 1, 1 Carls-Wächter 0, 1 Heinicke-Krause 0, 0 Borgardts-Reinhardt 1, 0 Grohmann-Hahn 1, 1 Elstner-Schmitt 0.

Stand: Carls 6, John $5^1/_2$, Lange, Heinicke 5, Dr. Antze, Elstner $4^1/_2$, Grohmann, Hahn 4, Weißgerber, Engels, Dr. Rödl $3^1/_2$, Dr. Lachmann, Reinhardt, Krause 3, Heinrich 2, Borgardts, Schmitt, Wächter 1.

Nr. 14. Königsindisch.

Weiß: Heinicke	Schwarz: Krause
1. Sg1—f3	Sg8—f6
2. g2—g3	g7—g6
3. Lf1—g2	Lf8—g7
4. c2—c4	0—0
5. d2—d4	c7—c6
6. 0—0	d7—d5
7. Dd1—b3	Dd8—b6
8. Sb1—c3	Sf6—e4

Ein Eröffnungsfehler. Weniger aus dem Grunde, weil Schwarz Zeit verliert — denn das spielt in geschlossenen Stellungen keine so große Rolle —, sondern deswegen, weil Schwarz dem Gegner durch den im folgenden erzwungenen Tausch zu einer weit überlegenen Stellung auf dem Damenflügel verhilft. 8. .... d5—c4: war der angemessene Zug.

9. c4—d5:	Db6—b3:
10. a2—b3:	Se4—c3:
11. b2—c3:	c6—d5:

Die Partie ist für den, der auf der Stufenleiter schachlichen Könnens noch nicht alle Sprossen erstiegen hat, besonders lehrreich. Die Art und Weise, wie Heinicke die Beweglichkeit seiner Bauern und Figuren auf dem Damenflügel ausnutzt, wie er den Angelpunkt der ganzen Stellung d5 unterminiert und wie er doch im kritischen Augenblick fast um den Sieg kommt, gibt dem Lernbeflissenen klare Fingerzeige für die in solchen Fällen einzuschlagende Methode.

12. Lc1—a3	Sb8—c6
13. e2—e3	Tf8—e8

Zu erwägen war die Läuferentwicklung nach f5. Wenn aber schon der Turm ziehen sollte, dann wäre er besser gleich nach d8 gegangen.

14. Sf3—d2!	Te8—d8
15. c3—c4	e7—e6

Um diese Einsperrung seines Damenläufers kommt Schwarz nicht herum. Nach dem Tausche auf c4 würde der Läufer g2 zu einer bis tief in den feindlichen Damenflügel hineinreichenden Kraft erwachen, und Weiß, hierauf und auf die offene a- und b-Linie gestützt (zu schweigen von den immer zum Vorgehen bereiten Bauern d4 und c4), zu einer überwältigenden Initiative gelangen.

16. Tf1—c1	Ta8—b8

Krause erleichtert allerdings Heinicke die Durchführung seines Programms um einiges. Es war vordringlicher, zunächst einmal den untätigen Läufer g7 gegen den tätigen Läufer a3 abzutauschen, also Lg7—f8 zu ziehen.

17. Ta1—a2	Lg7—h6
18. Tc1—b1	....

Vielleicht liebäugelte Schwarz mit der Möglichkeit d5—c4:, b3—c4:

Sc6—d4:, e3—d4: Td8—d4:, Tc1—d1 Lh6—d2:, Ta2—d2: Td4—c4:, wonach er 3 Bauern für die Figur hätte. Nicht einmal diese Chance (denn sie verdient kaum diesen Namen) soll ihm gegeben werden.

18. .... a7—a5
19. Sd2—f3 Lh6—g7

Lh6—f8!

20. Sf3—e1! b7—b6
21. Tb1—c1 Lc8—b7
22. c4—d5: ....

Heinicke hält die Zeit der Ernte für gekommen, und die weitere Entwicklung der Partie scheint ihm in der Tat Recht zu geben. Die genauere Prüfung der vorliegenden Stellung jedoch zwingt zu der Feststellung, daß sie zu einer Abwicklung noch nicht ganz reif war. Er hätte leichter sein Ziel erreicht, wenn er die Mitte in ihrer Spannung beließ und sogleich 22. Se1—d3 zog. Der Springer konnte dann sowohl nach f4 als auch über b2 nach a4 gehen und beiden Drohungen hätte Schwarz, ohne wesentliche Nachteile — wie etwa d5—c4: — auf sich zu nehmen, nicht zu begegnen vermocht.

22. .... e6—d5:
23. Ta2—c2 Tb8—c8

Die Frage, ob hier der Ausfall 23. .... Sc6—b4 das Spiel des Nachziehenden entlastet hätte, muß verneint werden. Die Folge könnte z. B. sein: 24. La3—b4: a5—b4: 25. Se1—d3 Lg7—f8 26. Sd3—e5 Lf8—d6 27. Se5—c6 Lb7—c6: 28. Tc2—c6: Ld6—f8 29. Tc1—a1! Tb8—b7 30. Ta1—a6 b6—b5 31. Kg1—f1 nebst Ta6—b6. Beide Punkte, b5 und d5, werden alsdann in Bälde erobert werden.

24. Se1—d3 ....

24. .... Lg7—f8

Daß die Absicht des Weißen auf den Zug Sd3—f4 ging, war nicht schwer zu erkennen und ebenso, daß der Punkt d5 damit in die höchste Gefahr geriet. Es mußte also unbedingt 24. .... Lg7—h6 geschehen. Zwar kann sich Weiß darauf mit 15. Sd3—f4 Lh6—f4: 26. g3—f4: das Läuferpaar verschaffen, es wird aber (26. .... f7—f5) sehr schwer sein, aus ihm Kapital zu schlagen. Die Springerbewegung 25. Sd3—b2—a4 (vgl. Anmerkg. zum 22. Zuge) ist in dieser Stellung im Gewinnsinne leider nicht durchführbar und zwar wegen der Wendung 25. Sd3—b2 Sc6—d4:! 26. Tc2—c8: Lb7—c8: 27. Tc1—c8: Td8—c8: 28. e3—d4: Lh6—c1! 29. Lg2—d5: Tc8—c2 30. Sb2—c4 Tc2—c4: 31. b3—c4: Lc1—a3: mit völligem Ausgleich. Man sieht den Unterschied gegenüber der Stellung vor dem 22. Zuge: dort war die c-Linie noch geschlossen, hier ist sie geöffnet.

Am weitesten wäre Weiß nach 24. .... Lg7—h6 wohl noch mit 25. Sd3—e5 gekommen: 25. .... Sc6—e5: 26. d4—e5: Tc8—c2: (um Tc2—c7 zu hindern) 27. Tc1—c2: Lh6—f8 28. La3—f8: Kg8—f8: 29. Tc1—c7 Lb7—a8 30. Kg1—f1 Kf8—e8 31. Kf1—e2 Td8—d7 32. Tc7—c8† Td7—d8 33. Tc8—d8‡ Ke8—d8: 34. Ke2—d3 nebst Kd3—d4 mit Gewinnaussichten.

25.	La3—f8:	Kg8—f8:
26.	Sd3—f4	Sc6—e7
27.	Tc2—c8:	Lb7—c8:
28.	Sf4—d5:	Se7—d5:
29.	Lg2—d5:	Td8—d5:
30.	Tc1—c8‡	Kf8—e7

Mit der Erstürmung des Punktes d5 ist der Kampf entschieden. Das Turmendspiel, in dem Weiß die einzige offene Linie beherrscht, ist leicht gewonnen.

31.	Kg1—f1	Td5—b5
32.	Tc8—c3	Tb5—b4
33.	Kf1—e2	b6—b5
34.	Ke2—d2	a5—a4
35.	Kd2—c2!	Ke7—d6

Falls 35. .... a4—a3, so 36. Kc2—b1—a2 und falls 35. .... a4—b3:, so 36. Tc3—b3: Tb4—c4† 37. Kc2—d3 nebst Tb3—b5:.

36.	Kc2—b2	Kd6—d5
37.	Kb2—a3	Tb4—b3‡
38.	Tc3—b3:	a4—b3:
39.	Ka3—b3:	Kd5—c6
40.	e3—e4	h7—h5
41.	h2—h4	Kc6—b6
42.	Kb3—b4	Kb6—a6
43.	e4—e5	Ka6—b6
44.	d4—d5	Aufgegeben.

Die 8. Runde.

Auf der ganzen Linie gab es wiederum lebhafte Kämpfe mit kaleidoskopartig wechselnden Partiebildern. Weißgerber stürzte sich mit großer Energie auf Lachmann, erlangte auch eine gute Stellung, operierte dann aber eine gute Stellung allzu gewalttätig weiter, büßte zwei Bauern ein, für die sein Angriff nicht den genügenden Ausgleich bot, und mußte infolgedessen vor dem gegnerischen Angriff Lachmanns die Waffen strecken.

Drunter und drüber ging es auch in der Partie Engels-Rödl. Der Düsseldorfer verhaspelte sich in einer schwierigen Mittelspielstellung, verlor eine Figur und damit auch den Kampf. Eine ausgezeichnete Leistung vollbrachte der Hamburger Reinhardt, der nunmehr seine volle Kampfkraft wiedergefunden zu haben scheint. Er zertrümmerte die Königsstellung seines Gegners Grohmann, erzwang durch eine Mattdrohung Figurengewinn, so daß dann der Verlust für den Dresdener nur noch eine Frage kurzer Zeit war. Elstner überwältigte Hahn nach langem, erbittertem Ringen, während Schmitt mehr und mehr an Kampfkraft einbüßt, der wiederum verlor und zwar gegen den jungen Heinrich, der im übrigen hier eine feine Partie lieferte. Die Partie Krause-Borgardts ergab als Resultat ein Unentschieden.

Lang und schwierig waren die Endspiele zwischen Wächter und Heinicke und John und Dr. Antze. In der ersteren Partie gewann Wächter durch geschliffene Schlußwendungen, während die andere Partie unentschieden blieb. Carls steht als unbestrittener Favorit da. In dieser 8. Runde wies er den ehrgeizig ihn verfolgenden Lange durch einen Sieg in seine Schranken zurück.

Die Ergebnisse: 1 Heinrich–Schmitt 0, 0 Hahn–Elstner 1, 1 Reinhardt–Grohmann 0, $^1/_2$ Krause–Borgardts $^1/_2$, 1 Wächter–Heinicke 0, 0 Lange–Carls 1, 0 Weißgerber–Dr. Lachmann 1, 0 Engels–Dr. Rödl 1, $^1/_2$ John–Dr. Antze $^1/_2$.

Stand: Carls 7, John 6, Elstner, $5^1/_2$, Lange, Dr. Antze, Heinicke 5, Dr. Rödl $4^1/_2$, Dr. Lachmann, Grohmann, Hahn, Reinhardt 4, Weißgerber, Engels, Krause $3^1/_2$, Heinrich 3, Wächter 2, Borgardts $1^1/_2$, Schmitt 1.

Nr. 15. Damengambit.

	Weiß: Heinrich	Schwarz: Schmitt
1.	d2—d4	Sg8—f6
2.	c2—c4	e7—e6
3.	Sb1—c3	d7—d5
4.	Lc1—g5	Sb8—d7
5.	e2—e3	c7—c6
6.	Dd1—c2	Dd8—a5
7.	c4—d5:	Sf6—d5:
8.	e3—e4	Sd5—c3:
9.	Lg5—d2	....

9. .... e6—e5

Die gleiche Stellung kam in der 9. Partie des Wettkampfes Aljechin-Capablanca vor. Der erstere antwortete auf die Springerfesselung mit Da5—a4 und bezeichnete diesen Zug als den „einzigen Weg, die Bildung eines mächtigen weißen Zentrums mittels b2—c3: zu verhindern“. Die vorliegende Partie erhärtet das Urteil des Weltmeisters. Der Zug e6—e5 wurde auch in einem Korrespondenzkampf Schachklub Oldenburg–Brinckmann mit ebenfalls negativem Ergebnis versucht, soweit es die Eröffnung betrifft (10. b2—c3: Lf8—e7 11. Sg1—f3 Da5—c7 12. Lf1—d3 0—0 13. 0—0 Le7—f6 14. d4—e5: Lf6—e5: 15. Sf3—e5: Sd7—e5: 16. Ld3—e2 Lc8—e6 17. c3—c4! f7—f6 18. f2—f4 Se5—d7 19. Ta1—d1 Tf8—d8 20. c4—c5! Sd7—f8 21. f4—f5 Le6—f7 22. Ld2—f4).

10.	b2—c3:	Lf8—e7
11.	Sg1—f3	0—0
12.	Lf1—e2!	Da5—c7
13.	0—0	Le7—f6
14.	Ta1—d1	Sd7—b6
15.	d4—e5:	Lf6—e5:
16.	Sf3—e5:	Dc7—e5:
17.	c3—c4!	....

Schwarz hat ersichtlich mit Entwicklungsschwierigkeiten zu kämpfen, während die weiße Stellung eine große Dynamik in sich hat. Auf 17. .... Lc8—e6 geschieht sehr kräftig 18. Ld2—c3 De5—c7 19. c4—c5 nebst f2—f4.

17.	....	c6—c5
18.	Ld2—c3	De5—e7
19.	f2—f4	Lc8—d7
20.	Dc2—d3!	....

Die Dame soll nach dem Königsflügel hinübergespielt werden.

20.	....	Ld7—c6
21.	e4—e5	Ta8—d8
22.	Dd3—g3	Td8—d1:
23.	Tf1—d1:	Sb6—d7

Auf 23. .... Tf8—d8 setzt Weiß sich wie auch in der Partie durch die Wendung 24. Td1—d8: De7—d8: 25. e5—e6 f7—f6 26. f4—f5 mit einem gedeckten Freibauern im gegnerischen Lager fest.

24.	f4—f5	f7—f6
25.	e5—e6	....

Man übertreibt nicht, wenn man sagt, daß die schlechte Lage S c h m i t t s i h r e l e t z t e U r s a c h e i n d e m v e r h ä n g n i s v o l l e n Z u g e 9. .... e6—e5 findet.

25.	....	Sd7—b6
26.	Dg3—d3	Sb6—c8
27.	Le2—f3!	....

Schlägt Schwarz diesen Läufer, dann entscheidet der Besitz der d-Linie zugunsten von Weiß: 27. .... Lc6—f3: 28. g2—f3: Sc8—b6 29. Lc3—a5.

27.	....	Lc6—a4
28.	Td1—d2	a7—a6
29.	Dd3—b1	Sc8—d6

29. .... b7—b5?, — 30. Td2—d7.

30.	Db1—d3	Sd6—c8
31.	Dd3—e4	La4—e6
32.	De4—f4	Lc6—f3:

Besser Tf8—d8.

33.	Df4—f3:	....

H e i n r i c h, dessen bisher gutes Spiel vollen Beifall verdient, versäumt hier in Zeitnot den furchtbaren Zwischenzug Td2—d7.

33.	....	Tf8—d8
34.	Td2—d5	Td8—d5:
35.	Df3—d5:	Kg8—f8

De7—d6?, — 36. e6—e7†!.

36.	Lc3—e1	Kf8—e8
37.	Le1—f2	....

Stärker war 37. Le1—a5! (b7—b6 38. Dd5—c6†). Schwarz war dann völlig gelähmt.

37.	....	Sc8—b6
38.	Dd5—d1	h7—h6
39.	Lf2—g3	Sb6—c8
40.	Dd1—a4†	Ke8—d8

Damit stellt er sich völlig patt. Der König müßte schon nach f8 zurück, obwohl auch danach auf die Dauer nichts zu hoffen bliebe. Weiß kann in aller Ruhe seine Einschnürungsarbeit fortsetzen. Z. B. 40. .... Ke8—f8 41. Da4—d1 Kf8—e8 (schlecht ist 41. .... b7—b5 wegen 42. c4—b5: a6—b5: 43. Dd1—d7 Sc8—b6 44. Dd7—b5: usw.) 42. Lg3—f4, und nun g2—g4, h2—h4 usw.

41.	Lg3—f4	Sc6—a7
42.	Da4—d1†	Kd8—e8
43.	Lf4—d6	Aufgegeben.

Auf 42. .... Kd8—c8 entschied dieser Läuferzug gleichfalls.

Schlußstellung.

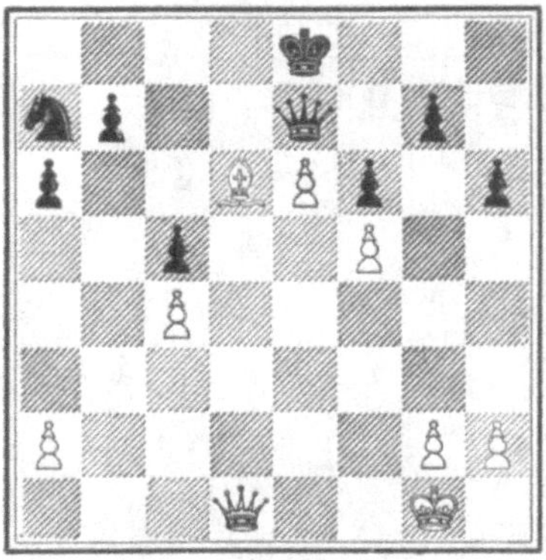

Nr. 16. Königsindisch.

Weiß: Wächter — Schwarz: Heinicke

Nach den Zügen 1. d2—d4 Sg8—f6 2. c2—c4 d7—d6 3. Sb1—c3 g7—g6 4. e2—e4 Lf8—g7 5. f2—f3 0—0 6. Lc1—e3 e7—e5 7. Sg1—e2 Sb8—c6 8. d4—d5 Sc6—e7 9. g2—g4 c7—c6 10. Se2—g3 c6—d5: 11. c4—d5: Sf6—e8 12. g4—g5 f7—f5 13. g5—f6: Lg7—f6: 14. h2—h4 h7—h5 15. Lf1—e2 Kg8—h7 16. Dd1—d2 Lc8—d7 17. Le3—g5 Se7—c8 18. Sg3—f1 Lf6—g5: 19. Dd2—g5: Dd8—g5: 20. h4—g5: b7—b5 21. Ta1—c1 b5—b4 22. Sc3—b1 Sc8—b6 23. Sf1—e3 Ta8—c8 24. Tc1—c8: Ld7—c8: 25. b2—b3 Kh7—g7 26. Ke1—f2 Kg7—f7 27. Sb1—d2 Kf7—e7 28. Se3—g2 Lc8—d7 29. Sg2—h4 Tf8—g8 30. Th1—c1 Ke7—d8 31. Sd2—c4 Sb6—c4: 32. Le2—c4: Se8—c7 war folgende Stellung entstanden.

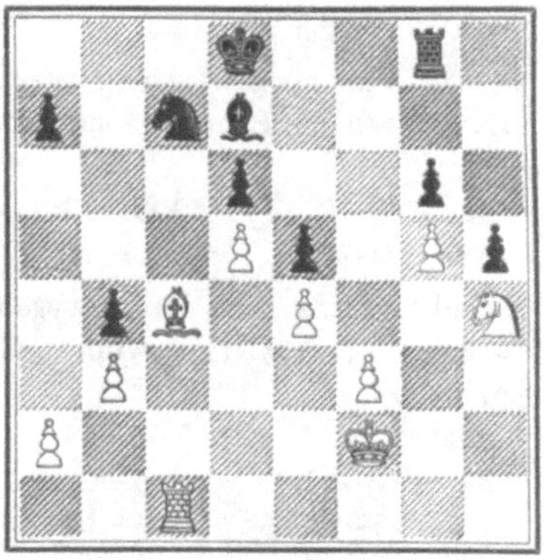

33. a2—a4 a7—a5

Weiß übt einen gewissen Druck auf das schwarze Spiel aus, die Figuren Heinickes sind stark gehemmt. Nach dem letzten Zuge verschlimmert sich dieser Zustand indessen mehr und mehr. Eine wesentliche Erleichterung konnte er sich mit 33. .... b4—a3: verschaffen, denn auf das geplante 34. Tc1—a1 nötigt die Deckung des angegriffenen Bauern durch Sc7—b5 den Weißen zum Tausch, worauf Schwarz nichts mehr zu fürchten hat. (35. Lc4—b5: Ld7—b5: 36. Ta1—a3: a7—a6 nebst Kd8—c7—b6.)

34.	Lc4—d3	Ld7—e8
35.	Kf2—e3	Sc7—a8
36.	Tc1—f1	Sa8—b6

Heinicke muß stillhalten und abwarten, was der Gegner tun wird.

37.	Tf1—c1	Tg8—g7
38.	Ld3—b5!	Le8—b5:
39.	a4—b5:	Sb6—c8
40.	Tc1—a1	Tg7—c7

Gegenangriff ist die einzige Rettung. „Das letzte Heil, das höchste liegt im Schwerte!“

41. Sh4—g6: Tc7—c3†

Tc7—g7 wäre ein Schlag ins Wasser, da 42. Sg6—f8 den Bauern g5 indirekt deckt.

42. Ke3—f2 Tc3—b3:
43. f3—f4 ....

Beileibe nicht Ta1—a5: wegen Tb3—a3, und Schwarz gewinnt gar noch.

43. .... Tb3—a3
44. Ta1—b1 e5—f4:
45. Sg6—f4: b4—b3
46. g5—g6 a5—a4
47. Sf4—e6† Kd8—e7
48. b5—b6! ....

Ablenkung des Springers!

48. .... Sc8—b6:
49. g6—g7 Ke7—f7
50. Kf2—g1 Kf7—g8
51. Tb1—f1 Ta3—a1

Der Turm muß sich opfern, um dem feindlichen Bruder in den Arm zu fallen.

52. Tf1—a1: b3—b2
53. Ta1—f1 Kg8—h7
54. Kg1—h2 ....

Damit kein schwarzer Bauer mit Schach in die Dame gehen kann.

54. .... Sb6—c8

Das ist erforderlich, um auf Tf1—f8 die Abwehr Sc8—e7 zur Hand haben. Der Schluß gestaltet sich äußerst dramatisch.

55. e4—e5!! ....

Der tödliche Schlag. Der Vormarsch des a-Bauern kommt jetzt zu spät: 55. .... a4—a3 56. e5—d6: a3—a2 57. Tf1—f8!. Auf 55. .... d6—e5: gewinnt 56. d5—d6.

Heinicke gab daher auf.

Partiestellung Nr. 4.

Grohmann.

Reinhardt.

Die Lage Grohmanns ist alles andere als rosig. Statt nun mit 19. Sf6—h5 f7—f6 (Tf8—g8, — 20. Sf3—e5) 20. Sh5—g7: Kh8—g7: 21. Dd4—g4‡ Kg7—h8 22. d5—e6: Dd8—e7 23. Sf3—d4 auf einfachste Art seinen Vorteil klarzustellen, läßt Reinhardt sich von der ihm eingeborenen Lust zum Kombinieren und zu spitzigen Wendungen fortreißen.

19. Sf6—g4: e6—d5:
20. Dd4—f4 Lc8—g4:
21. Df4—h6‡ Kh8—g8
22. Sf3—g5 Lg4—f5
23. g2—g4 Lf5—c2
24. Td1—c1 Lc2—e4

Offenbar hängt das Schicksal des Schwarzen davon ab, ob er seinen Läufer auf der Diagonale c2—h7 halten kann oder nicht. So wie Grohmann spielt, ist es nicht möglich. Wie steht die Sache aber nach 24. .... Lc2—g6? Das selbstredend beabsichtigte 25. h4—h5 leistet darauf merkwürdigerweise gar nichts: 25. ....

Lg6—e4 26. f2—f3 f7—f6!. Es ist wichtig für Schwarz, daß zunächst h4—h5 provoziert wird, damit die Möglichkeit 24. .... Lc2—e4 25. f2—f3 f7—f6 26. f3—e4: f6—g5: 27. h4—g5: ausgeschaltet bleibt; die Drohung g5—g6 nämlich verbürgt dem Weißen in dieser Variante den Sieg.

25.	f2—f3	....

Der Unterschied gegenüber dem sofortigen 25. .... Lc2—g6 wird jetzt deutlich. Geht der Läufer erst in diesem Augenblick nach g6 (25. .... Lc2—g6), so folgt 26. h4—h5 und der Zug f7—f6 hat keine Wirkung mehr, weil Schwarz nach 27. h5—g6: Matt wird.

25.	....	Le4—d3

Resignation.

26.	Le2—d3:	Tf8—e8†
27.	Ld3—e2	Dd8—c7
28.	Dh6—h7†	Kg8—f8
29.	Dh7—h8†	Kf8—e7
30.	Dh8—g7:	Dc7—f4
31.	Ke1—f2	Sa5—c6
32.	Sg5—h3	Df4—d6
33.	Tc1—e1	Sc6—e5?
34.	f3—f4	Se5—g6
35.	Le2—f3†	Ke7—d8
36.	Dg7—f7:	Aufgegeben.

Die 9. Runde.

Das Turnier ist in die kritische, wenn auch noch nicht entscheidende Phase eingetreten. Die Spreu hat sich etwas von dem Weizen gesondert, und es haben sich bereits einige Spieler herauskristallisiert, die alle Hoffnung fahren lassen müssen. Aber in der Spitzengruppe wogt noch das Gefecht auf und ab. Das, was sich in dem Abschnitt zwischen der neunten und zwölften Runde abspielt, das sind gewissermaßen die Vorfeldkämpfe für die letzten Entscheidungen.

Dr. Rödl wies einen vorzeitig und ohne genügenden strategischen Rückhalt unternommenen Angriffsversuch Johns mustergültig ab und gewann. Reinhardt war gegen Elstner erfolgreich, nachdem bald der eine, bald der andere im Vorteil gewesen war. Schmitt siegte über Hahn durch gutes Spiel, während Engels in seiner Partie gegen Dr. Lachmann im Mittelspiel seinem Gegner einige Bauern vom Brett nahm und an der Hand dieses Übergewichts einen Punkt buchen konnte. Ein ungemein interessanter Kampf entspann sich zwischen Grohmann und Krause. Der letztere ließ einen furchterweckenden Angriff Grohmanns zu, konnte sich dann aber, da dieser gerade in den entscheidenden Augenblicken nachließ, glücklich durch alle Fährnisse hindurchwinden und gewann dann mit Hilfe eines Fehlers seines Gegners. Carls gab in einem Turmendspiel keine Ruhe gegen Weißgerber. Stunden um Stunden belagerte er ihn, bis Weißgerber schließlich weich wurde, schwächere Züge tat und verlor. In allen anderen Partien teilte man sich die Punkte.

Die Ergebnisse: ½ Dr. Antze–Heinrich ½, 1 Dr. Rödl–John 0, 0 Lachmann–Engels 1, 1 Carls–Weißgerber 0, ½ Heinrich–Lange ½, ½ Borgardts–Wächter 1/2, 0 Grohmann–Krause 1, 0 Elstner–Reinhardt 1, 1 Schmitt–Hahn 0.

Stand: Carls 8, John 6, Lange, Dr. Antze, Dr. Rödl, Heinicke, Elstner 5 1/2, Reinhardt 5, Engels, Krause 4 1/2, Dr. Lachmann, Grohmann, Hahn 4, Heinrich, Weißgerber 3 1/2, Wächter 2 1/2, Borgardts, Schmitt 2.

Methodologisches.

„Klar siehet, wer von ferne sieht
Und nebelhaft, wer Anteil nimmt."
(Lao Tse)

Die Vielheit der im Schach lebendigen Beziehungen macht es außerordentlich schwer, ihm gültige Regeln und Gesetze abzugewinnen. Ihr mathematisch beizukommen, wird bei der in jedem Augenblick wechselnden Größe der verschiedenen Kräfte nicht möglich sein. Wir können die Flucht der Erscheinungen nicht recht packen. Während wir die eine in Händen zu halten glauben, entfliehen uns derweil die anderen. So sind alle Systeme bis heute ein wenig fadenscheinig und ohne wirklich greifbaren Inhalt geblieben. Das, was uns die kritische Sichtung der Erfahrung an Brauchbarem gebracht hat, das ist die Methode, wie in diesen oder jenen besonders gekennzeichneten Stellungen zu verfahren ist.

Die Analyse einer Schachpartie, die rückwärts schreitende Erörterung also, ist uns ja nicht nur eine Stunde stiller Beschaulichkeit, sondern dient nicht weniger dem Zweck, die Elemente der Kampfhandlung herauszudestillieren, damit wir größere Sicherheit in der Erkenntnis und Behandlung kommender Kämpfe gewinnen.

Wir dürfen bei der Analyse nicht bei dem Einzelnen und Zufällig-Jeweiligen stehenbleiben, sondern müssen uns darüber hinaus zu einer Betrachtung des Partieablaufs im großen zu erheben versuchen. Wir kommen dabei auf den Begriff der Phase. Die Fähigkeit, in Phasen zu sehen und zu denken, ist für die Partie von größter Wichtigkeit. Wer sich bemüht, die kritischen Punkte in der Entwicklung seiner Partie zu fixieren, wer sich nicht vom Strome des Geschehens fortreißen läßt und sich so mühsam von Zug zu Zug tastet, sondern dann und wann Halt macht, um Abstand zu gewinnen und besonnen zu prüfen: woher komme ich, wo stehe ich, wohin will ich, — der wird sicherer und klarer seinen Weg gehen.

Nr. 17. Damengambit.

	Weiß: Grohmann	Schwarz: Krause
1.	d2—d4	d7—d5
2.	c2—c4	e7—e6
3.	Sg1—f3	Sg8—f6
4.	Lc1—g5	d5—c4:

(S. Stellungsbild)

Krause, der übrigens mit ausgezeichneten theoretischen Kennt-

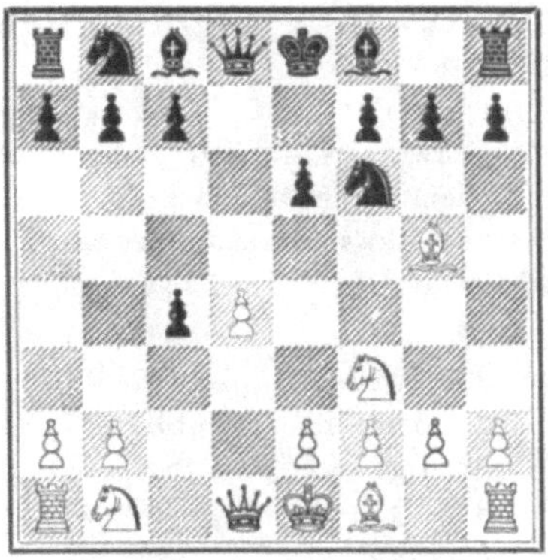

nissen nach Aachen kam, greift hier auf eine beachtenswerte Spielweise zurück, die bei Beratungskämpfen im Wiener Schachklub 1933 erprobt wurde. Die Kernvariante auf die Entgegnung 5. e2—e4 lautet: 5. .... Lf8—b4† 6. Sb1—c3 (falls 6. Sb1—d2, so Lb4—d2‡ 7. Dd1—d2: Sf6—e4:!) c7—c5! 7. e4—e5 c5—d4: 8. e5—f6: g7—f6: 9. Dd1—a4† Sb8—c6 10. 0—0—0 f6—g5: 11. Sf3—d4: Lb4—c3:! Unzweifelhaft steht Schwarz hier sehr gut. Die Theoretiker schlagen daher für 7. e4—e5 den Zug 7. Lf1—c4: vor (8. Sf3—d4: Dd8—a5).

Grohmann verzichtet auf das scharfe e2—e4 und begnügt sich mit e2—e3. Es scheint, daß darauf der Bauer c4 behauptet werden kann.

5.	e2—e3	b7—b5
6.	a2—a4	c7—c6
7.	Lf1—e2	a7—a6
8.	0—0	Lc8—b7
9.	Sf3—e5!	Sb8—d7
10.	a4—b5:	c6—b5:
11.	Le2—f3!	Dd8—b6
12.	Lf3—b7:	Db6—b7:
13.	f2—f4	....

Die Manöver, die Schwarz zur Sicherung des gewonnenen Bauern auf dem Damenflügel ausführen mußte, haben Zeit gekostet, und dieser Zeitverlust hat dem Anziehenden einen Vorsprung in der Entwicklung dergestalt verschafft, daß er rasch zu einer Angriffsaufstellung gelangt. Ob damit im letzten Sinne ein Ausgleich für den Bauernverlust zu sehen ist, mag dahingestellt bleiben, für den Kampf am Brett wird man das jedoch ohne weiteres zugeben müssen.

13.	....	Lf8—e7
14.	Sb1—d2	0—0
15.	Tf1—f3	Tf8—d8
16.	Tf3—g3	Sd7—e5:

Darauf allerdings empfängt der weiße Angriff einen außerordentlichen Zuwachs an Kraft. Die f-Linie offen, der Dame die Felder g4 und h5 und dem Springer das Feld e4 zugänglich, — das muß schwerste Bedenken auslösen.

Warum nicht 16. .... Ta8—c8?

Nach dem Fehlgriff Krauses beginnt eine zweite Phase der Partie, die ihr Kennzeichen dadurch erhält, daß Grohmann einen vernichtenden Angriff vorträgt.

17.	f4—e5:	Sf6—e8
18.	Lg5—h6	Le7—f8
19.	Dd1—g4	g7—g6

19. .... Kg8—h8 wird mit 20. Sd2—e4 beantwortet.

20.	Lh6—f8:	Kg8—f8:
21.	Ta1—f1	Se8—g7
22.	Sd2—e4	Sg7—f5
23.	Tg3—h3	h7—h5
24.	Dg4—f4	Kf8—g7

25.	Se4—f6	Td8—h8
26.	Df4—g5	Kg7—f8
27.	g2—g4!	Sf5—g7
28.	g4—h5:	Sg7—h5:

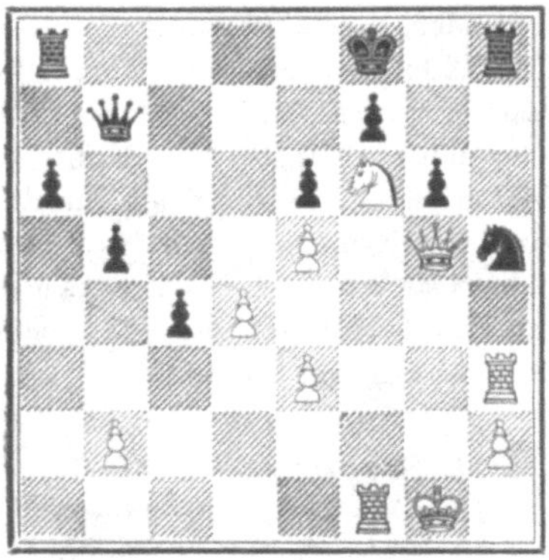

29.	Sf6—g4	....

Grohmann hat den Angriff tadellos geführt, er brauchte nur noch zuzugreifen, um das Begonnene zu vollenden. Nun mit einem Male aber verliert er — vermutlich in Zeitnot — den Faden und läßt den Gegner wieder zu Atem kommen.

Der Gewinnweg bestand in 29. Sf6—h5: Th8—h5: 30. Th3—h5: g6—h5: 31. Dg5—h5:. Die Drohung ist jetzt Dh5—h8† Kf8—e7, Tf1—f7‡ Ke7—f7:, Dh8—h7† mit Damengewinn. Auf 31. .... Ta8—b8 entscheidet 32. d4—d5! (e6—d5: 33. e5—e6) und auf 31. .... Ta8—a7 32. Dh5—h8† Kf8—e7 33. Dh8—g8. Nicht besser fährt Schwarz, wenn er auf 29. Sf6—h5: diesen Springer mit dem Bauern schlägt (29. .... g6—h5:). Es folgt: 30. Th3—g3! Kf8—e8 31. d4—d5! Db7—d5: 32. Tf1—f7:! Ke8—f7: 33. Dg5—g7† Kf7—e8 34. Dg7—h8‡ Ke8—d7 35. Tg3—g7† Kd7—c6 36. Dh8—a8‡.

Auch in der Partie bleibt die Lage von Schwarz bedrohlich genug, ohne daß dem Weißen indes in dieser dritten Phase des Kampfes ein entscheidender Schlag gelänge.

29.	....	Kf8—g7
30.	Sg4—f6	Kg7—f8
31.	Th3—f3	Sh5—g7
32.	Dg5—g2	Sg7—f5
33.	Dg2—f2	Db7—a7
34.	Sf6—e4	Da7—e7
35.	Se4—c5	Th8—h5
32.	e3—e4	Sf5—h6
37.	Tf3—f6	Kf8—g7
38.	Df2—g3	Kg7—h8
39.	Kg1—h1	....

Er möchte Sc5—e6:, f7—e6:, Dg3—g6: spielen, was jetzt wegen Ta8—g8 nicht angängig ist.

39.	....	g6—g5
40.	Dg3—f3	Th5—h4
41..	Tf1—g1	Ta8—g8
42.	Df3—e3	....

Ein grobes Versehen. 42. Sc5—a6: konnte geschehen.

42.	....	Sh6—g4
43.	Tg1—g4:	Th4—g4:
44.	De3—f3	Tg4—h4
45.	Tf6—f7:	g5—g4!
46.	Df3—f1	....

Oder 46. Tf7—e7: g4—f3: 47. Te7—f7 Th4—g4.

46.	....	De7—g5
47.	Tf7—f2	g4—g3
48.	Tf2—g2	Dg5—h5
49.	Df1—g1	Dh5—f3

Aufgegeben.

Nr. 13. Französisch.

Weiß:	Schwarz:
Dr. Rödl	John
1. e2—e4	e7—e6
2. d2—d4	d7—d5
3. Sb1—d2	....

Rödls Spezialvariante. Die Idee ist, auf den besten Gegenzug c7—c5 den schwarzen d-Bauern zu vereinzeln, unter Festhaltung des strategischen Punktes d4 das Endspiel anzustreben und auf jenen Bauern zu drücken. So z. B. begann die 3. Partie des Wettkampfes Bogoljubow–Dr. Rödl (Nürnberg 1931) auf diese Weise: 1. e2—e4 e7—e6 2. d2—d4 d7—d5 3. Sb1—d2 c7—c5 4. e4—d5: e6—d5: 5. Lf1—b5† Lc8—d7 6. Dd1—e2† Dd8—e7 7. Lb5—d7‡ Sb8—d7: 8. d4—c5: Sd7—c5: 9. Sd2—b3 0—0—0 10. De2—e7: Lf8—e7: 11. Sb3—d4.

Die von John angewandte Fortsetzung 3. .... Sg8—f6 ist nicht erstrebenswert, weil Weiß den Zug c2—c3 sofort zur Hand hat, im Gegensatz zu der bekannteren Zugfolge 1. e2—e4 e7—e6 2. d2—d4 d7—d5 3. Sb1—c3 Sg8—f6 4. e4—e5.

3.	Sg8—f6
4. e4—e5	Sf6—d7
5. Lf1—d3	c7—c5
6. c2—c3	Sb8—c6
7. Sg1—e2	Dd8—b6
8. Sd2—f3	c5—d4:
9. c3—d4:	Lf8—b4†
10. Ke1—f1!	....

Hierauf ist die Aufgabe des Schwarzen, sich zu entwickeln, weit schwieriger, als wenn er mit 10. Lc1—d2 Lb4—d2: 11. Dd1—d2: Db6—b4 das Spiel hätte vereinfachen können.

10.	f7—f5
11. g2—g3	Sd7—f8
12. Kf1—g2	Lc8—d7
13. a2—a3	Lb4—e7
14. Se2—c3	a7—a6

Natürlich nicht Sc6—d4: wegen 15. Lc1—e3.

15. b2—b4	Db6—c7

Auch diese Partie ist ein typisches Beispiel für Johns schwerflüssigen Stil, für seine Freude an langatmigen Manövern und für seine Vorliebe, den König möglichst in der Mitte stehen zu lassen. Im übrigen wird ihm in der vorliegenden Stellung übermäßig wohl nicht gewesen sein, ihre Beengtheit als Folge der Eröffnung tritt klar zutage.

Der Damenzug hat den Zweck, b7—b6 zu ermöglichen und damit der Springerbewegung Sc3—a4—c5 entgegenzutreten.

16. Sc3—a4	b7—b6
17. Lc1—d2	Dc7—b7
18. Dd1—b3	Sc6—d8
19. Th1—c1	Sd8—f7
20. Tc1—c2	g7—g5

Die Raumnot des Schwarzen ist groß, es ist daher durchaus verständlich, wenn er durch den Versuch, einen Angriff aufzubauen — oder etwas, was so aussieht wie ein Angriff — aus der Enge herauskommen möchte.

21. Ta1—c1	Le7—d8
22. h2—h4!	h7—h6
23. Tc1—h1!	....

Bevor Rödl auf dem Hauptkriegsschauplatz, dem Damenflügel, zu weiteren Handlungen schreitet, will er den Gegner auf dem anderen Flügel zu einer Erklärung zwingen. Er stellt ihn vor die Wahl, entweder — nämlich bei 23. .... Th8—g8 — dem Weißen auch noch die h-Linie zu geben, oder aber, wie es geschieht, die Bauernstellung festzulegen und so allen weiteren Angriffsversuchen den Wind aus den Segeln zu nehmen.

23. .... g5—g4
24. Sf3—g1 Ld7—a4:
25. Db3—a4† b6—b5
26. Da4—b3 Ld8—b6
27. Sg1—e2 Sf8—g6
28. Th1—c1 0—0

Eine späte Rochade!

29. Tc2—c6 ....

29. .... Tf8—e8

Zwar bricht die schwarze Partie hierauf rasch zusammen, doch wird John sich mit dem Gedanken getröstet haben, daß auch anders die Niederlage kaum abzuwenden gewesen wäre. Wenn z. B. 29. .... Sf7—d8, so zunächst 30. Tc6—c2. Schwarz muß jetzt etwas für den Bauern h6 tun, also 30. .... Sd8—f7. Und nun bringt der Vorstoß 31. a3—a4 das schwarze Spiel völlig in Unordnung. Da der Bauer b5 im Falle von 31. .... Lb6—d8 mit 32. a4—b5: nebst Se2—c3 verloren ginge, bleibt nichts anderes als 31. .... b5—a4: 32. Db3—a4:, was aber wieder die Eroberung des Bauern a6 in wenigen Zügen im Gefolge hätte.

30. Ld3—f5:! Sg6—e5:
31. Tc6—e6: Se5—c4
32. Db3—d3 Te8—e6:
33. Lf5—e6: Kg8—g7
34. Se2—f4 Ta8—d8
35. Dd3—g6† Kg7—f8
36. Le6—f7: Db7—f7:
37. Sf4—e6† Kf8—e7
38. Dg6—f7† Ke7—f7:
39. Se6—d8† Lb6—d8:
40. Ld2—h6: und gewinnt.

Die 10. Runde.

Schmitts Unstern in diesem Turnier machte sich auch heute wieder geltend. Er hatte durch scharfes Angriffsspiel eine aussichtsreiche Stellung erkämpft, als ihm kurz vor Toresschluß eine Unachtsamkeit unterlief, die Reinhardt mit raschem Griff zu einer Mattkombination ausnutzte. Hahns barocker Stil fand bei Heinrich keine Gegenliebe. Aus einer verunglückten Eröffnung kam der Bayreuther mit einem Minus an Material heraus, wonach sich dann bald ein tödlicher Angriff des Gegners entwickelte. Weißgerber überwand Heinicke nach erbittertem Zusammenstoß und Lange vermochte es, Borgardts in der kritischen Stellung der Partie in ein Mattnetz zu ziehen.

Krauses Riesenfreibauer entschied gegen Elstner das Gefecht. Dann gab es die längste Partie des Turniers in dieser Runde. Mehr als einmal konnte Dr. Lachmann gegen John gewinnen, ließ jedoch immer wieder die Zügel locker und mußte nach 108 Zügen mit Remis zufrieden sein. Das gleiche Ergebnis hatten die restlichen Partien.

Die Ergebnisse: 1 Heinrich–Hahn 0, 1 Reinhardt–Schmitt 0, 1 Krause –Elstner 0, $^{1}/_{2}$ Wächter–Grohmann $^{1}/_{2}$, 1 Lange–Borgardts 0, 1 Weißgerber–Heinicke 0, $^{1}/_{2}$ Engels–Carls $^{1}/_{2}$, $^{1}/_{2}$ John–Dr. Lachmann $^{1}/_{2}$, $^{1}/_{2}$ Dr. Antze–Dr. Rödl $^{1}/_{2}$.

Stand: Carls $8^{1}/_{2}$, Lange, John $6^{1}/_{2}$, Dr. Antze, Dr. Rödl, Reinhardt 6, Heinicke, Elstner, Krause $5^{1}/_{2}$, Engels 5, Weißgerber, Dr. Lachmann, Grohmann, Heinrich $4^{1}/_{2}$, Hahn 4, Wächter 3, Borgardts, Schmitt 2.

Nr. 19. Damengambit.

	Weiß: Heinrich	Schwarz: Hahn
1.	d2—d4	e7—e6
2.	c2—c4	d7—d5
3.	Sb1—c3	Sg8—f6
4.	Lc1—g5	Sb8—d7
5.	e2—e3	c7—c6
6.	Dd1—c2	Dd8—a5
7.	c4—d5:	Sf6—d5:
8.	e3—e4	Sd5—b4

Hahns Neigung zu Eigenwilligkeiten in der Eröffnung und zu gewalttätigen taktischen Wendungen kommt in dieser Partie zu drastischem Ausdruck. Durch den Springerzug, an dessen Stelle wie üblich Sd5—c3: geschehen sollte, gerät Schwarz in Verbindung mit den folgenden Zügen in eine schlechte Stellung.

9.	Dc2—d2	b7—b6
10.	Sg1—f3	Lc8—a6
11.	a2—a3	La6—f1:
12.	Th1—f1:	f7—f6
13.	Lg5—e3	....

(S. Stellungsbild)

Die gefährdete Stellung des Springers b4 und der schwarzen Dame, dazu die Möglichkeit, jeden Augenblick mit d4—d5 vorzustoßen, verleiht der Partie des Anziehenden ein bereits entscheidendes Übergewicht. Auf 13. .... Da5—a6 geht nach der Antwort 14. Ta1—d1 der Springer verloren. Weicht der Springer aus — 13. .... Sb4—a6 —, führt die Fortsetzung 14. d4—d5 e6—d5: 15. b2—b4! zum Untergang des Schwarzen. Die gleiche Wendung kommt nach 13. .... Lf8—e7. Und 13. .... c6—c5 endlich beschwört eine Katastrophe in der d-Linie herauf: 14. Ta1—d1 Sb4—a6 15. d4—c5: Sd7—c5: 16. Le3—c5: Sa6—c5: 17. b2—b4.

Angesichts dieser verzweifelten Gefechtslage entschließt sich Hahn zu einem wilden Überfall.

13. .... Sd7—c5
14. d4—c5: Ta8—d8

Ja, wenn Heinrich nun genötigt wäre, mit der Dame auszuweichen, dann hätte Hahn groß dagestanden: 15. Dd2—e2 Sb4—d3† 16. Ke1—d1 Sd3—f4†. Jedoch kann jener in Ansehung des angegriffenen Springers b4 getrost die Dame hergeben und damit die Ungereimtheit der Hahnschen Kombination dartun.

15. Dd2—d8‡ Ke8—d8:
16. 0—0—0† Sb4—d5

Oder 16. .... Kd8—c7 17. a3—b4: Da5—b4: 18. Td1—d4! Db4—a5 19. Td4—a4 (18. .... Db4—b3 19. Sf3—d2).

17. e4—d5: c6—d5:
18. Sf3—d4 ....

Nicht allein, daß Weiß materiell im Vorteil ist, gelangt er auch noch zu einem gewaltigen Königsangriff.

18. .... Kd8—e8

18. .... Kd8—d7, — 19. c5—c6†.

19. Sd4—e6: Lf8—c5:
20. Le3—c5: b6—c5:
21. Td1—d5: Ke8—f7
22. Tf1—e1 Th8—e8
23. Td5—d7† Kf7—g8
24. Te1—e3 c5—c4
25. Sc3—d5 c4—c3

Vielleicht läßt sich Weiß im Vorgefühl des sicheren Sieges zu 26. Td7—g7‡ Kg8—h8 27. Sd5—f6: hinreißen, um dann die Enttäuschung 27. .... c3—b2‡ 28. Kc1—b1 Da5—f5† zu erleben.

26. Te3—c3: Da5—a6
27. Sd5—f4 ....

Um Td7—g7: Kg8—h8, Sf4—g6† h7—g6:, Tc3—h3† zu spielen. Schwarz muß jetzt, um dies abzuwehren, zu allem anderen auch noch die Qualität opfern. Damit ist die Partie natürlich jenseits von Gut und Böse. Es folgte noch:

27. .... Te8—e6: 28. Sf4—e6: h7—h5 29. Td7—g7‡ Kg8—h8 30. Tg7—d7 Da6—f1† 31. Kc1—c2 Df1—e2† 32. Kc2—b1 De2—e4† 33. Tc3—c2 a7—a5 34. Se6—c5 De4—g2: 35. Sc5—d3 Dg2—a8 36. f2—f3 h5—h4 37. Sd3—f4 Kh8—g8 38. Tc2—c7. Aufgegeben.

Partiestellung Nr. 5.

Schmitt.

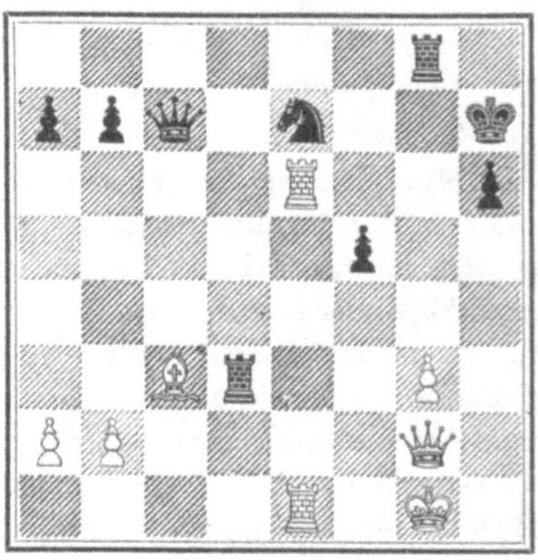

Reinhardt.

Schmitt ist am Zuge. Die Stellung mit ihren vielen offenen Linien und den ungesicherten Königen erfordert äußerste Aufmerksamkeit. Schwarz hat immerhin einen Bauern mehr und ein Plus an Kraft, weil er den Stoß f5—f4 zur Verfügung hat. Der angemessene Zug war 30. .... Se7—g6. Daraufhin hätte Reinhardt die Frage beantworten müssen, wie er den Punkt g3 decken wollte. Eine befriedigende Entgegnung hätte sich jedoch kaum gefunden. Auf 31. Kg1—h2 folgt sehr kräftig f5—f4 und auf 31. Te6—e3 Td3—e3: 32. Te1—e3: Sg6—h4! 33. Dg2—h3 Dc7—c5 oder 33. Dg2—f2 f5—f4!. Unzureichend ist auch 31. Lc3—e5 wegen Sg6—e5: 32. Te6—e5: Td3—g3:.

Schmitt stand also dicht vor einem Erfolge. Irgendein böser Geist flüsterte ihm aber statt 30. .... Se7—g6 den Zug

30. .... Se7—c6

ins Ohr. Ein jäher Sturz in die Tiefe ist die Folge.

31. Te6—h6‡!

Das Matt ist hiernach unabwendbar: 31. .... Kh7—h6: 32. Dg2—h3† Kh6—g6 33. Te1—e6† oder 32. .... Kh6—g5 33. Dh3—h4† usw.

So nahe wohnen Glück und Unglück beieinander.

Partiestellung Nr. 6.

Dr. Lachmann.

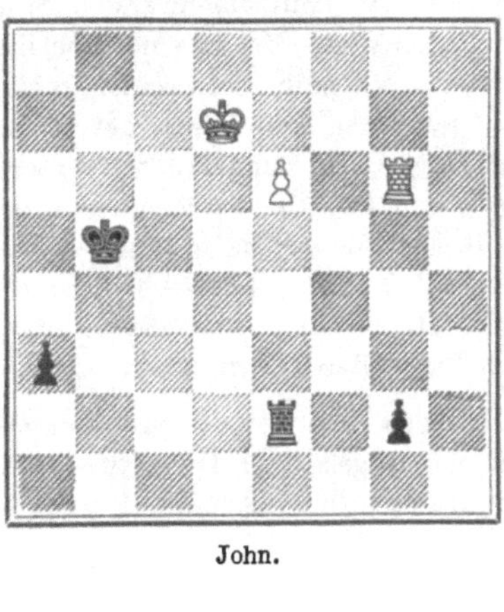

John.

71. e6—e7 ....

Statt nun einfach mit 71. .... Te2—e7‡ 72. Kd7—e7: a3—a2 den Gewinn sicherzustellen, zieht Lachmann sogleich

71. .... a3—a2

und läßt den Sperrzug 72. Tg6—e6 zu. Damit ist der Ausblick auf eine fantastische Möglichkeit eröffnet, sofern nämlich Schwarz beide Bauern zur Dame verwandelt: 72. .... g2—g1D 73. e7—e8D a2—a1D.

(Variante.)

Drei Damen geistern nun auf dem Brett umher, ein wahrer Hexentanz hebt an. Soll Weiß mit einem Abzugsschach beginnen? Oder soll er zuvor auf b8 Schach sagen? Oder gar überhaupt darauf verzichten und sich mit Te6—e2: das Abzugsschach offenhalten?

Man könnte Seiten mit einer Analyse füllen. Hier müssen zur Orientierung einige Hinweise genügen.

I. 74. Kd7—c7† Kb5—c4 75. Te6—c6† Kc4—d3 76. Tc6—d6† Dg1—d4 77. De8—b5† Kd3—d2 78. Db5

—g5† Kd2—c3 79. Td6—c6† Kc3 —b4. Schwarz gewinnt. (80. Tc6 —b6†, — Dd4—b6‡.)

II. 74. De8—b8† Kb5—c4 75. Te6 —c6† Kc4—d3 76. Db8—b3† (76. Tc6 —d6† Dg1—d4) Kd3—d2 77. Db3 —b4† Kd2—d1 78. Tc6—d6† Kd1 —c1 79. Td6—c6 Te2—c2. Schwarz gewinnt.

III. 74. Te6—e2:! Dg1—d4† 75. Kd7—c7† Kb5—c4 76. De8—c6† Kc4—b3 77. Dc6—b5†, und Schwarz kann nicht gewinnen. (Dd4—b4 78. Te2—e3†.) Auch bei anderen Schachs im 74. Zuge wird Schwarz, wie es scheint, nicht weiterkommen.

Lachmann wird ein Grausen gepackt haben, als er es unternahm, sich am Brett, bei beschränkter Bedenkzeit, in diesem Labyrinth zurechtzufinden. Er wählt einen geraderen Weg, ohne allerdings der Stellung damit mehr als ein Remis abzugewinnen.

72.	....	g2—g1D
73.	e7—e8D	Te2—e6:
74.	Kd7—e6‡	Kb5—b4
75.	De8—b8†	Kb4—c4
76.	Db8—c8†	Dg1—c5
77.	Dc8—a6†	Kc4—b3
78.	Da6—d3†	Dc5—c3
79.	Dd3—b5†	Kb3—c2
80.	Db5—e2†	Dc3—d2
81.	De2—c4†	....

Schwarz kann sich dem ewigen Schach nicht entziehen. Lachmann mußte nach 108 Zügen mit einem Unentschieden zufrieden sein. Es war die längste Partie des Turniers.

Die 11. Runde.

Reinhardt hat die letzten Runden mit Riesenschritten durchmessen. Das Opfer dieser Runde war Hahn, der — umgekehrt — damit zum vierten Male hintereinander die Flagge niederholen mußte. Auch Lange behauptete seine Stellung in der Gruppe der führenden Meister, indem er den ersichtlich ein wenig abgekämpften Grohmann überwältigte. Zu seinem ersten Siege kam Borgardts. Weißgerber war der Unglückliche, der in einer von ihm ganz unentschlossen geführten Partie daran glauben mußte. In seinem besten Stile operierte Heinicke gegen Engels, der unter dem Druck des strategischen Übergewichts auf seiten des Gegners einen Bauern und damit in weiterer Folge die Partie verlor. Elstner schlug Wächter. Überraschend kam das Remis Dr. Lachmann–Dr. Antze. Der Bremer Meister hatte ausgezeichnet und elegant seine Arbeit getan und in der Schlußstellung Läufer + 3 Bauern gegen einen Turm. Er begnügte sich indes mit einem Unentschieden durch Zugwiederholung. Ein Ergebnis, das auch die weiteren Parteien zeitigten.

Die Ergebnisse: ½ Dr. Rödl–Heinrich ½, ½ Dr. Lachmann–Dr. Antze ½, ½ Carls–John ½, 1 Heinicke–Engels 0, 1 Borgardts–Weißgerber 0, 0 Grohmann–Lange 1, 1 Elstner–Wächter 0, ½ Schmitt–Krause ½, 0 Hahn–Reinhardt 1.

Stand: Carls 9, Lange $7^1/_2$, John, Reinhardt 7, Dr. Antze, Dr. Rödl, Heinicke, Elstner, Krause $6^1/_2$, Engels, Dr. Lachmann, Heinrich 5, Weißgerber, Grohmann $4^1/_2$, Hahn 4, Borgardts, Wächter 3, Schmitt $2^1/_2$.

Nr. 20. Schottisch.

	Weiß: Borgardts	Schwarz: Weißgerber
1.	e2—e4	e7—e5
2.	Sg1—f3	Sb8—c6
3.	d2—d4	e5—d4:
4.	Sf3—d4:	Lf8—c5
5.	Sd4—b3	....

Ein Zug, der, natürlich auch schon gespielt worden ist und der gewiß ebensoviel Daseinsberechtigung hat wie die gebräuchliche Fortsetzung Lc1—e3.

5.	....	Lc5—b6
6.	Sb1—c3	....

Die Eröffnung gewinnt vielleicht an Inhalt, wenn zuvor der Zug c2—c4 erfolgt.

6.	....	d7—d6
7.	Lf1—e2	Lc8—e6
8.	Sc3—d5	Sg8—f6
9.	Sd5—b6:	a7—b6:
10.	f2—f3	h7—h6
11.	0—0	0—0
12.	Sb3—d4	Le6—d7
13.	c2—c4	Sc6—e5

Weißgerbers Bestreben geht dahin, weiterer Vereinfachung durch Abtausch aus dem Wege zu gehen. Allein es ist ein altes Gesetz, daß man bei gleichen Verhältnissen dem Willen des Gegners, die Kräfte zu reduzieren, nur schwer und oft genug nicht ohne Nachteil entgegenwirken kann. Einfach und gut war Sc6—d4: 14. Dd1—d4: Dd8—e7.

14.	Dd1—b3	Dd8—e7
15.	Lc1—f4	Se5—g6
16.	Lf4—e3	Sf6—h5

Beginn einer Reihe von zwecklosen Springerzügen. Man hat den Eindruck, daß Weißgerbers ganzer Plan darin besteht, in Lauerstellung zu gehen, um den Gegner bei irgendwelchen Fehlern abzufangen. Borgardts tut ihm aber den Gefallen nicht.

Es ist schwer, dem schwarzen Spiel eine Linie zu geben. Seine Figuren sind in ihrer Bewegungsfreiheit stark gehemmt, es fehlt an nährenden Bauernzügen. Eben deswegen war es vielleicht angezeigt, mit c7—c6 und d6—d5 auf Öffnung der Stellung zu spielen. Z. B. 16. .... c7—c6 17. Db3—b6: d6—d5 18. Db6—b7: Tf8—b8.

17.	Tf1—e1	Sh5—f4
18.	Le2—f1	Ld7—e6
19.	Db3—c3	De7—d7
20.	Dc3—d2	Sf4—h5
21.	b2—b3	Sh5—f6

Reumütige Rückkehr!

22.	Ta1—d1	Dd7—c8
23.	Lf1—d3	Sg6—e5

Nun wird dieser Springer auch noch vom Wandertrieb erfaßt!

24.	Ld3—b1	Le6—d7
25.	Dd2—f2	Tf8—e8
26.	Kg1—h1	Se5—g6
27.	g2—g4	Sg6—e5

Das Hin- und Herpendeln hat nichts weiter gefruchtet, als daß Borgardts sich inzwischen sachgemäß eine Stellung aufgebaut hat, die alle Voraussetzungen für ein siegreiches Vorgehen in sich birgt.

28. h2—h3 g7—g5

Sonst setzt sich die Bauernmasse mit f3—f4 in Bewegung.

29. h3—h4 Sf6—h7
30. Sd4—f5! Ld7—f5:
31. g4—f5: f7—f6
32. Te1—g1 Kg8—f8
33. f3—f4! Se5—f7
34. Df2—h2 Kf8—e7

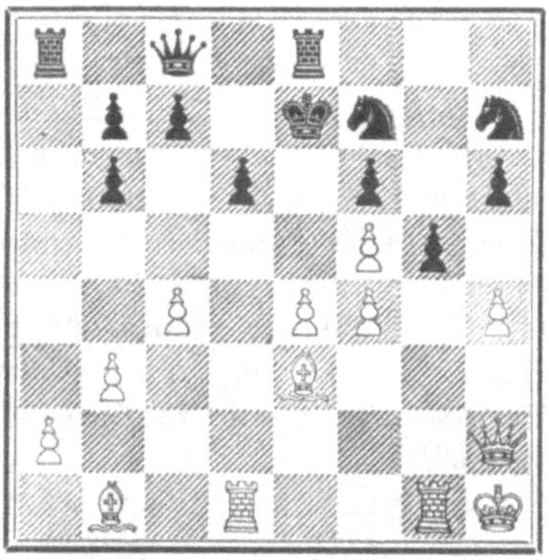

35. e4—e5 ....

Sicherer war an Stelle dieses so kräftig erscheinenden Durchbruchs 35. Le3—d4 und darauf erst e4—e5, denn es liegt auf der Hand, daß nach Le3—d4 g5—f4: wegen Tg1—g7 verderblich ist. Wenn Weißgerber wirklich auf den Augenblick des taktischen Zusammenstoßes wartete, um im Trüben zu fischen, dann mußte er jetzt unbedingt 35. .... d6—e5: ziehen. Nach 36. f4—e5: f6—e5:! (36. .... Sf7—e5:, — 37. h4—g5: Sh7—g5: 38. Le3—g5: h6—g5: 39. Dh2—h7†) setzt Weiß am besten mit 37. c4—c5 fort und nicht etwa mit 37. h4—g5:, weil Schwarz h6—g5:! antwortet und sich die h-Linie dienstbar macht. Jedenfalls hätte Weißgerber sich zeigen lassen müssen, wie Borgardts sich die Fortsetzung des Angriffs dachte. So wie er spielt, kann er getrost alle Hoffnungen fahren lassen.

35. .... g5—f4:
36. e5—e6! f4—e3:
37. Tg1—g7 Te8—g8

Oder Te8—h8 38. Tg7—f7‡ nebst Dh2—g3—g7.

38. Tg7—f7‡ Ke7—e8
39. Tf7—h7: c7—c5
40. Td1—d6: Dc8—b8
41. Lb1—d3 Ta8—a2:
42. Dh2—a2: Db8—d6:
43. Da2—a8† Dd6—d8
44. Da8—b7: Aufgegeben.

Nr. 21. Königsindisch.

Weiß:	Schwarz:
Dr. Lachmann	Dr. Antze

1. d2—d4 Sg8—f6
2. Sg1—f3 g7—g6
3. c2—c4 Lf8—g7
4. Sb1—c3 d7—d5

Die Grünfeld-Verteidigung also, die von den Bremer Meistern mit Vorliebe angewandt wird. Der russische Meister Botwinnik hat sie folgendermaßen charakterisiert:

„Der Grundgedanke dieser Verteidigung ist ganz einfach. Eigentlich spielt Schwarz die orthodoxe Variante, aber ohne den Zug e7—e6, was durch die Flankierung des Königsläufers auf g7 ermöglicht wird. Der Vorteil des Systems — der orthodoxen Verteidigung gegenüber — liegt darin, daß der Läufer c8 nicht eingesperrt bleibt, während eben diese Schwierigkeiten bei der Entwicklung dieses Läufers den Hauptmangel der orthodoxen Verteidigung bilden. Demgemäß scheint die Grünfeld-Verteidigung gut spielbar zu sein. Die Sache ist aber nicht so einfach. Wenn nämlich Weiß die Eröffnung richtig behandelt, so wird Schwarz zu e7—e6 gezwungen, womit die Grundidee der Eröffnung als undurchführbar erwiesen wird."

Die logische Konsequenz dieser Ausführungen wäre also die, daß die Grünfeld-Verteidigung nicht besser ist als die orthodoxe. Da diese aber noch — Gott sei's gedankt — als unbedingt korrekt gelten muß, hat Botwinnik im Grunde gegen die Grünfeld-Verteidigung nichts gesagt.

Während Botwinnik den Kern des Problems in der Entwicklung des Läufers c8 sieht, weiß Bogoljubow hiervon nichts. Für ihn ist die Grünfeld-Verteidigung lediglich ein Kampf um das Bauernzentrum. („Die moderne Eröffnung 1. d2—d4!" S. 115ff.) Er glaubt, daß Weiß „etwas Eröffnungsvorteil" erlangen könne.

Demgegenüber lehnt Aljechin („Auf dem Wege zur Weltmeisterschaft" S. 136—137.) die Grünfeldsche Erfindung einfach als antipositionell ab, ohne indessen eine nähere Begründung zu geben.

Die Sachverständigen stehen also der Grünfeld-Verteidigung mit einigem Mißtrauen gegenüber. So lange dies aber gefühlsmäßig ist und so lange keine beweiskräftige Widerlegung bekannt ist, wird man sie als vollwertiges Eröffnungsproblem bezeichnen dürfen. Die Eröffnungstheorie steht im Zeichen schwankender Urteile, die Mode spielt dabei eine große Rolle. Mag sich der Schachjünger davor hüten, allzu autoritätsfreudig und buchstabengläubig zu sein!

5.	Lc1—f4	....

Botwinnik empfiehlt 5. e2—e3 mit der etwaigen Folge c7—c6 6. Lf1—d3 0—0 7. 0—0 e7—e6 8. b2—b3 Sb8—d7 9. Lc1—a3 Tf8—e8 10. Ta1—c1 b7—b6.

Die neueste Orientierung ist 5. Dd1—b3.

5.	....	0—0
6.	e2—e3	....

Der Bauerngewinn durch 6. c4—d5: Sf6—d5: 7. Sc3—d5: Dd8—d5: 8. Lf4—c7: Sb8—c6 bringt Schwarz in Vorteil. (Hellings Idee.)

6.	....	c7—c5
7.	d4—c5:	Dd8—a5
8.	Dd1—a4	....

Falls 8. c4—d5:, so Sf6—d5: und Punkt c3 fällt.

8.	....	Da5—c5:
9.	b2—b4	....

Mut hat er. Vor der Rochade die Diagonale g7—a1 freizulegen, ist nicht jedermanns Sache.

9.	....	Dc5—c6
10.	Da4—b3	Lc8—e6!
11.	Sf3—d4	d5—c4:
12.	Db3—a3	....

Aus dem Hintergrunde droht der Lg7, er verhindert die Abwicklung 12. Sd4—c6: c4—b3: 13. Sc6—b8: Sf6—h5!.

12.	....	Dc6—c8
13.	Ta1—c1	Sb8—c6
14.	Sd4—e6:	Dc8—e6:
15.	Sc3—b5	De6—f5
16.	Lf1—c4:	Sf6—d5!

Der Umstand, daß Weiß mit dem König noch in der Mitte steht, gestattet dem Schwarzen eine Reihe scharfer Wendungen mit günstigen Aussichten. Den Zug 9. b2—b4 hat Dr. Antze als nicht genügend entlarvt.

17. g2—g4 ....

Weiß ist in einer Zwangslage. Da Lf4 und Bb4 angegriffen sind und 17. Lc4—d5: Df5—d5: Angriff gegen b5 und g2 im Gefolge hat, muß er sich schon auf diesen mehr als zweifelhaften Qualitätsgewinn einlassen.

17.	....	Df5—e4
18.	f2—f3	De4—f3:
19.	Th1—f1	Df3—e4
20.	Lc4—d5:	De4—d5:
21.	Sb5—c7	Dd5—e4
22.	Sc7—a8:	Sc6—b4:!

Droht Lg7—b2 und Sb4—d3†.

23. Ke1—e2 Tf8—a8:

Und wiederum muß Weiß jetzt gegen Lg7—b2 etwas unternehmen. (Da3—b2: De4—g2†, Tf1—f2 Dg2—f2‡!.)

24.	Da3—b3	Ta8—d8
25.	Tf1—f2	Sb4—d3
26.	Tc1—d1	Sd3—f4‡
27.	Tf2—f4:	De4—g2†
28.	Tf4—f2	....

Erzwungen. Falls 28. Ke2—e1, so Lg7—c3† 29. Db3—c3: Dg2—g1† usw.

28.	....	Dg2—g4†
29.	Tf2—f3	....

Auch jetzt kann der König wegen Lg7—c3† nicht nach e1 gehen.

29.	....	Dg4—g2†
30.	Tf3—f2	Dg2—g4†

Remis durch Zugwiederholung.

Warum Dr. Antze sich hier mit remis zufrieden gibt, ist rätselhaft. Er hat Läufer und 3 Bauern gegen den Turm bei völlig sicherer Stellung, während der weiße König sich offen in der Mitte des Bretts befindet. Nach 31. .... Td8—f8 32. Db3—b7: Dg4—c4† 33. Td2—d3 (33. Ke2—e1,

— Lg7—c3†) Dc4—a2‡ 34. Td3—d2 Da2—c4† 35. Ke2—f2 Lg7—f6! mit der Drohung Lf6—h4† muß Schwarz langsam, aber sicher gewinnen.

Nr. 22. Königsindisch.

Weiß: Heinicke — Schwarz: Engels

Zwei Meister von gegensätzlichem Spieltypus im Kampf. Heinicke, der feste, weitblickende Positionsspieler mit einem fast akademisch anmutenden Stil, getrübt hier und da allerdings durch taktische Sorglosigkeiten und Engels, der temperamentvolle Angreifer, dessen Sinnen und Trachten darauf ausgeht, scharf zugespitzte Verwicklungen herbeizuführen. Gelingt einem Kämpfer mit einem Charakter wie Engels das nicht, wie in der vorliegenden Partie, dann wird er meistens dem Positionsspieler das Feld überlassen müssen. Gerade der Taktiker im Schach muß immer besonders „in Form sein", wenn er Großes erreichen will.

1.	d2—d4	Sg8—f6
2.	Sg1—f3	g7—g6
3.	c2—c4	Lf8—g7
4.	Sb1—c3	0—0
5.	e2—e4	d7—d6
6.	Lf1—e2	Sb8—d7
7.	0—0	e7—e5
8.	h2—h3	e5—d4:

Der Sinn der königsindischen Verteidigung ist der, den Punkt e5 vorerst fest in der Hand zu behalten und für den Fall, daß Weiß im Zentrum durch d4—d5 abschließt, mit f7—f5 vorzustoßen. Das Schlagen auf d4 ist ein Systemfehler. Der Versuch Engels', den Punkt d4 in seine Gewalt zu bekommen, schlägt fehl und damit gerät er endgültig ins Hintertreffen.

9.	Sf3—d4:	Sd7—c5
10.	Le2—f3	Tf8—e8
11.	Tf1—e1	a7—a5
12.	Lc1—f4	Sf6—d7
13.	Dd1—d2	Sd7—e5
14.	Lf3—e2	Sc5—e6
15.	Lf4—e3	Se5—c6

Die Springermanöver haben bewirkt, daß das Feld d4 im Augenblick sozusagen neutralisiert ist. Das ist aber auch das einzige, was Schwarz geleistet hat. Weiß hingegen hat in b5 und d5 zwei starke Stützpunkte und kann nicht zuletzt mittels f2—f4 (vgl. die Anmerkg. zum 8. Zuge) dem Gegner das wichtige Feld e5 nehmen.

16.	Sd4—b5	b7—b6
17.	f2—f4	Lc8—b7
18.	Le2—f3	a5—a4

Der Kampf um die zentralen Felder ist zu Gunsten Heinickes ausgegangen. Der Zug a5—a4, mit dem Sc6—a5 geplant ist, um so Weiß zu b2—b3 zu veranlassen, soll neue Spannungen heraufführen. (Diagonale g7—a1!)

19.	Sc3—d5	Sc6—a5
20.	Ta1—c1!	....

(S. Stellungsbild)

Die hiermit gewonnene Stellung enthüllt mit niederdrückender Deutlichkeit das Unzulängliche des mit 8. .... e5—d4: beginnenden Planes des Schwarzen. Er steht nunmehr vor der Aufgabe, den Punkt c7 schützen zu müssen. Aber wie? Es droht neben der Abdrängung des Springers e6 durch f4—f5 auch das

unmittelbare Hineinschlagen auf c7: Sd5—c7: Se6—c7:, Le3—b6:. Nach 20. .... Ta8—c8 wird mit 21. Lf3—g4 die gleiche Wendung vorbereitet, ohne daß Schwarz dem etwas entgegenzusetzen hätte. Vermerkt sei dabei, daß auf 20. .... Ta8—c8 das sofortige 21. Sd5—c7: Se6—c7: 22. Le3—b6: Sa5—c6 23. Sb5—d6: nicht stichhaltig ist, nämlich wegen 23. .... Lg7—d4† nebst Dd8—d6:.

Die Not treibt Engels zur Verzweiflung.

20. .... c7—c5
21. Sb5—d6: Lb7—d5:

Dd8—d6: hätte durch Sd5—f6† die Dame gekostet.

22. Dd2—d5: Te8—e7
23. e4—e5 Ta8—a7
24. Dd5—d2 Ta7—d7

Das an sich erstrebenswerte 24. .... f7—f6 wird wie folgt abgetan: 25. Lf3—d5 f6—e5: 26. f4—f5! g6—f5: 27. Sd6—f5: Te7—e8 28. Ld5—e6‡ usw.

25. Lf3—d5 Se6—c7
26. Le3—f2 Sc7—d5:
27. Dd2—d5: Te7—e6
28. Tc1—d1 Dd8—b8
29. Dd5—e4 Db8—d8
30. De4—d3 Sa5—c6
31. Dd3—c2 Dd8—a8
32. Dc2—e4 g6—g5

Ehe er sich langsam erwürgen ließe, will er lieber einen letzten wilden Versuch unternehmen, die Stellung durcheinanderzuwirbeln.

33. g2—g3 g5—f4:
34. g3—f4: Te6—g6†
35. Kg1—h2 Td7—c7

Beide Meister in höchster Zeitnot!

36. Sd6—b5 Tc7—e7
37. Sb5—c3 Da8—c8
38. Sc3—d5 Te7—e8
39. Sd5—b6: Dc8—c7
40. Sb6—d5 Dc7—c8

Der Kampf mit der Uhr ist vorüber. Engels hat in der Aufregung noch einen Bauern eingebüßt.

41. Td1—g1 Tg6—h6
42. Td1—d3 Sc6—e5:

Er stürzt sich ins eigene Schwert.

43. f4—e5: Kg8—h8
44. Tg1—g7: Kh8—g7:
45. Td3—g3† Kg7—h8
46. Lf2—e3 Th6—g6
47. Tg3—g6: f7—g6:
48. Le3—d2 Dc8—f5
49. De4—f5: g6—f5:
50. Ld2—c3 und gewann.

Die 12. und 13. Runde.

Lange hatte schwer zu kämpfen, um seinem Gegner Elstner ein Remis abzutrotzen, und sicher war auch irgendwann in der Partie für den Berliner eine Gelegenheit, das Blatt zu seinen Gunsten zu wenden. Die beiden Bremer Kameraden Antze und Carls trennten sich schiedlich, friedlich gleichfalls mit einem Unentschieden. Die Widerstandskraft des Breslauer Schmitt scheint endgültig gebrochen; er mußte vor dem Berliner Wächter kapitulieren, nachdem er schon frühzeitig die Dame eingebüßt hatte. Eine sehr gute Leistung vollbrachte Heinicke, der eine ihm von Grund auf vertraute Eröffnung gegen John in ein gutstehendes Endspiel hinüberlenkte und dann die gewaltige Kraft des Läuferpaares siegreich demonstrierte. So gut der unzweifelhaft hochbegabte Dresdner Grohmann im Anfang spielte, so erfolglos ist seine Tätigkeit in der zweiten Hälfte des Turniers geblieben. Es zeigt sich eben auch hier, daß Erfahrung und nochmals Erfahrung dazugehört, um in einem so schweren Kampf durchstehen zu können. In dieser 12. Runde war es Weißgerber, der gegen ihn gewann. Es gelang dem Saarbrücker, auf beiden Flügeln einen mächtigen Freibauer zu etablieren und damit dem Gegner den Garaus zu machen. Engels schlug Borgardts durch starken Königsangriff mit einigen hübschen Wendungen. Eine wenig aufregende Angelegenheit war die Partie Rödl gegen Lachmann. Zwar hatte der erstere sich die freiere Stellung erkämpft, wollte aber offenbar aus taktischen Gründen den geraden Weg der Sicherheit nicht verlassen und begnügte sich daher mit Remis.

Reinhardt in seinem Tatensturm marschiert weiter nach vorn. Über Heinrichs Leiche führte heute sein Weg. Hahn meldet endlich einen Sieg! Krause war der Betroffene.

Mit allgemeinem Interesse ging man daher in die 13. Runde hinein. Die Niederlage des Spitzenreiters war die große Sensation. Die Partie Carls–Rödl mündete schließlich in ein Turmendspiel ein, das gleichauf stand und in dem Rödl in richtiger Würdigung dieser Tatsache seinem Gegner remis anbot. Der aber lehnte ab, wurde jedoch gleich darauf von der rächenden Nemesis ereilt, denn Rödl eroberte einen Bauern, dann noch einen und schließlich einen dritten, so daß Carls sich in sein bitteres Geschick ergeben mußte.

Eine andere Partie, die viel Aufsehen erregte, war diejenige zwischen Heinicke und Antze. Hier konnte der Hamburger infolge einer akuten Schachblindheit des Bremer Doktors schon nach sage und schreibe 9 Zügen einen Sieg buchen. Gewiß ein Unikum in der Turniergeschichte. Sie mag hier am Rande ihren Platz finden. 1. d2—d4 Sg8—f6 2. Sg1—f3 g7—g6 3. c2—c4 Lf8—g7 4. Sb1—c3 d7—d5 5. Dd1—b3 d5—c4: 6. Db3—c4: b7—b6 7. Lc1—f4 Sb8—a6 8. e2—e3 Sf6—h5 9. Dc4—a4† Dd8—d7 und gab gleichzeitig auf, da 10. Lf1—b5 folgt. So wie Carls im Siegeslauf gehemmt wurde, so wurde auch der bisher so stürmische Vormarsch des

Hamburgers Reinhardt unterbrochen. Er hatte sich gegen Krause eine aussichtsreiche Stellung aufgebaut, versah sich aber, als es zum taktischen Zusammenstoß auf dem Königsflügel kam und verlor.

Eine große Partie lieferte der endlich einmal wieder erwachte Grohmann. In einem mit prachtvollem Elan vorgetragenen Königsangriff zertrümmerte er die Königsstellung seines Gegners Engels, umzingelte den feindlichen Heerführer und zwang ihn zur Kapitulation. Auch der Berliner Elstner gab einen neuerlichen Beweis seines kämpferischen Geistes. Er opferte eine Figur, um zum Angriff zu kommen und siegte gegen Weißgerber schließlich im Mattangriff. Um die Sensationen in dieser Runde voll zu machen, verlor endlich auch noch John gegen Borgardts, der beim Übergang vom Mittel- zum Endspiel Materialübergewicht erlangte. Lange bewies erneut seine Schlagkraft, indem er den Breslauer Schmitt überwand. Hahn kam zu einem weiteren Erfolge, und zwar gegen Wächter. Heinrich endlich schlug Dr. Lachmann, so daß in dieser 13. Runde keine Remise zu buchen war.

Die Ergebnisse.

12. Runde: 0 Heinrich–Reinhardt 1, 0 Krause–Hahn 1, 1 Wächter–Schmitt 0, $^1/_2$ Lange–Elstner $^1/_2$, 1 Weißgerber–Grohmann 0, 0 John–Heinicke 1, $^1/_2$ Dr. Antze–Carls $^1/_2$, $^1/_2$ Dr. Rödl–Dr. Lachmann $^1/_2$, 1 Engels–Borgardts 0.

13. Runde: 0 Dr. Lachmann–Heinrich 1, 0 Carls–Dr. Rödl 1, 1 Heinicke –Dr. Antze 0, 1 Borgardts–John 0, 1 Grohmann–Engels 0, 1 Elstner–Weißgerber 0, 0 Schmitt–Lange 1, 1 Hahn–Wächter 0, 0 Reinhardt–Krause 1.

Stand: Carls $9^1/_2$, Lange 9, Heinicke $8^1/_2$, Dr. Rödl, Elstner, Reinhardt 8, Krause $7^1/_2$, John, Dr. Antze 7, Heinrich, Engels, Hahn 6, Weißgerber, Dr. Lachmann, Grohmann $5^1/_2$, Borgardts, Wächter 4, Schmitt $2^1/_2$.

Nr. 23. Damengambit.

Weiß:	Schwarz:
Grohmann	Engels

Die Partie erhielt den „Schönheitspreis“. Mit den Schönheitspreisen auf Schachturnieren war es von jeher eine eigene Sache. Was dem einen gefällig und lobenswert erscheint, ruft bei dem anderen vielleicht nur ein Achselzucken oder ein abweisendes Lächeln wach. Es mag schon sein, daß in Aachen tiefgründigere Partien gespielt worden sind, an Schwung, Geschlossenheit und flüssiger Eleganz jedoch wird die Partie Grohmann–Engels nicht überboten. Darüber gibt es nur eine Stimme.

1.	d2—d4	d7—d5
2.	c2—c4	e7—e6
3.	Sb1—c3	c7—c6
4.	e2—e3	Sb8—d7
5.	Sg1—f3	f7—f5
6.	Lf1—d3	Dd8—f6
7.	Dd1—c2	Sg8—h6
8.	0—0	Lf8—d6
9.	c4—d5:	e6—d5:

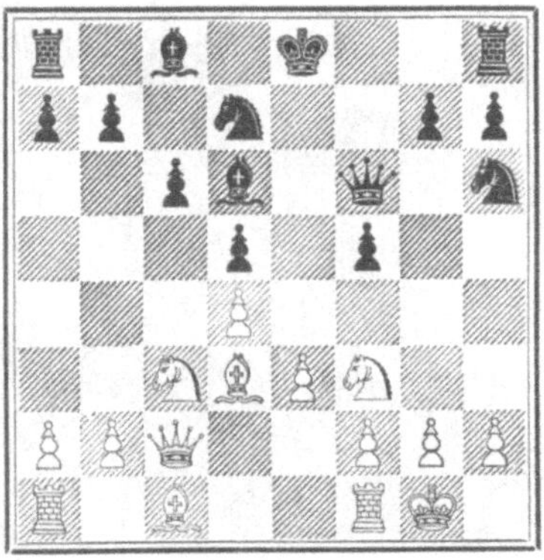

10. e3—e4!! ....

Ein sehr schönes Opfer auf weite Sicht. Das Ziel ist, den schwarzen König in der Mitte festzuhalten und ihn hier in das Kreuzfeuer der weißen Figuren zu bringen. Das Opfer ist korrekt und damit der so selbstverständlich erscheinende Zug 8. .... Lf8—d6 — fast möchte man lachen — als Fehler gekennzeichnet worden.

10. .... f5—e4:
11. Ld3—e4: d5—e4:
12. Sc3—e4: Df6—f8

Bei anderen Damenzügen wird die Lage von Schwarz noch ärger. So würde auf 12. .... Df6—e6 der Angriff 13. Sf3—g5 De6—g6 14. Se4—d6‡ Dg6—d6: 15. Tf1—e1† Ke8—f8 16. Lc1—f4! Dd6—f6 17. Dc2—e4 Df6—g6 18. De4—g6: h7—g6: 19. Lf4—d6† zum Siege führen. Auf 12. .... Df6—e7 aber ist 17. Tf1—e1 fürchterlich (13. .... 0—0 14. Se4—g5). Und 12. .... Df6—g6 schließlich wird mit 13. Sf3—h4 beantwortet.

13. Tf1—e1 Ke8—d8
14. d4—d5 c6—c5

Engels möchte die Stellung abschließen. Es zeigt sich jedoch sogleich, daß der Gegner mit immer neuen Stoßtrupps den aufgerichteten Schutzwall zerstören und die erstrebte Linienöffnung durchsetzen kann. Auch an 14. .... c6—d5: ist kein Segen, denn nach 15. Se4—g5 Sd7—f6 16. Sf3—d4 droht es an allen Ecken und Enden. Die schwarze Stellung trug eben schon vom 10. Zuge an den Keim des Todes in sich.

15. b2—b4! Sh6—g4

Der Bauer b4 ist unverletzlich, wie die Fortsetzung 15. .... c5—b4: 16. Se4—d6: Df8—d6: 17. Te1—e6 Dd6—c5 18. Lc1—g5† Kd8—c7 19. Dc2—d2 (drohend Dd2—f4† und Ta1—c1) lehrt.

16. Lc1—g5† Sg4—f6
17. Ta1—c1 b7—b6

Versuch einer Stützungsaktion.

18. Sf3—d4! ....

Zug reiht sich an Zug zu harmonischem Ganzen. Wird der Springer genommen, so entscheidet der Einbruch Dc2—c6.

18. .... Sd7—e5
19. Se4—d6: Df8—d6:
20. Te1—e5:! c5—d4:
21. Lg5—f4 ....

Droht Te5—e8†.

21. .... d4—d3
22. Dc2—d2 Dd6—d7
23. d5—d6 Th8—e8
24. Tc1—c7 Dd7—g4
25. f2—f3 Dg4—g6
26. Te5—g5 Te8—e2

Das schwarze Partiegebäude steht lichterloh in Flammen. Verzweifelt sucht Engels in diesem Turmausfall seine Zuflucht. Falls 26. .... Dg6 h6, dann 27. Tg5—g7: nebst Lf4—g5.

27. Tg5—g6: Te2—d2:
28. Tg6—g7: Td2—c2

Falls 28. .... Td2—d1†, so 29. Kg1—f2 d3—d2 30. Lf4—g5 Td1—f1† 31. Kf2—g3!

29. Tc7—f7 Kd8—e8
30. Tf7—f6: d3—d2

Oder 30. .... Tc2—e2 31. Tg7—g8† Kd8—d7 32. Tf6—f7† Kd7—c6 33. Tf7—c7† Kc6—b5 34. d6—d7.

31. Tg7—e7† nebst Matt.

Nr. 24. Bremer Partie.

Weiß:	Schwarz:
Carls	Dr. Rödl

Nach den Zügen 1. c2—c4 e7—e6 2. g2—g3 d7—d5 3. Lf1—g2 Sg8—f6 4. Sg1—f3 Lf8—d6 5. 0—0 c7—c6 6. b2—b3 0—0 7. Lc1—b2 Dd8—e7 8. d2—d4 Tf8—d8 9. Sb1—d2 Ld6—a3 10. Dd1—c1 La3—b2: 11. Dc1—b2: Sb8—d7 12. Sf3—e5 c6—c5 13. e2—e3 Sd7—e5: 14. d4—e5: Sf6—g4 15. h2—h3 Sg4—h6 16. e3—e4 d5—d4 17. f2—f4 Lc8—d7 18. a2—a4 Ld7—c6 19. Ta1—e1 f7—f6 20. Sd2—f3 f6—f5 21. Sf3—g5 f5—e4: 22. Lg2—e4: Lc6—e4: 23. Sg5—e4: Sh6—f5 24. Tf1—f3 b7—b6 25. Db2—d2 Td8—f8 26. Dd2—d3 h7—h6 27. Kg1—h2 Sf5—e3 28. Te1—g1 Kg8—h8 29. Se4—d6 Ta8—d8 30. Dd3—g6 Se3—f5 31. Sd6—f5: e6—f5: 32. g3—g4 f5—g4: war es zu folgender Stellung gekommen.

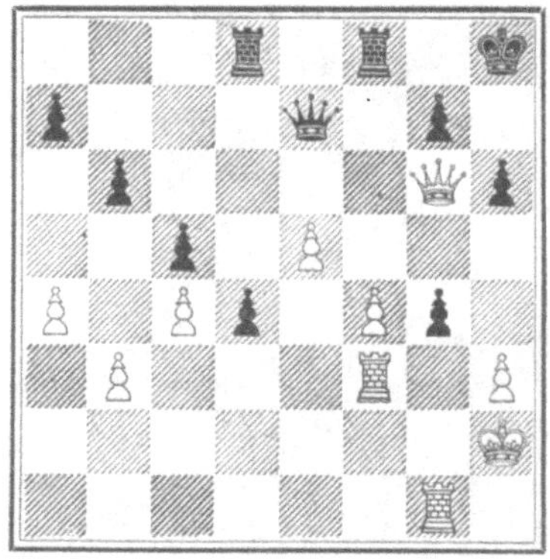

33. Tg1—g4: ....

Weiß hat eine starke Initiative. Wenn er statt des geschehenen Zuges, der den Zusammenhang der weißen Bauern zerreißt, 33. h3—g4: spielte und sich damit eine geschlossene und bewegliche Sturmkolonne erhielt, dann hätte es böse für Schwarz ausgesehen.

Auf 33. .... De7—h4† 34. Kh2—g2 darf d4—d3, um den Turm f3 von f4 abzuziehen, nicht geschehen: 35. Tg1—h1 Dh4—e7 (falls 35. .... d3—d2, so 36. Th1—h4: d2—d1D 37. Th4—h6‡ g7—h6: 38. Dg6—h6‡ Kh8—g8 39. Dh6—g6† nebst Matt) 36. Tf3—h3 Tf8—f7 37. g4—g5. Das Angebot des Damentausches 33. .... De7—f7 wird mit 34. Dg6—e4 abgelehnt, um nun f4—f5 oder g6—g5 folgen zu lassen. Und eine dritte Verteidigungsmöglichkeit, nämlich 33. .... d4—d3 wird wie folgt abgewiesen: 34. g4—g5 d3—d2 35. g5—h6: De7—h4† (35. .... g7—h6:, — 36. Dg6—h6: De7—h7 37. Dh6—h7‡ Kh8—h7: 38. Tf3—h3 matt) 36. Tf3—h3: Dh4—f2† (oder auch Dh4—f4‡) 37. Kh2—h1. Schwarz ist verloren, da 37. .... Df2—g1‡ 38. Dg6—g1: d2—d1D wegen 39. h6—g7‡ Kh8—g8 40. Th3—h8† usw. nichts mehr nützt.

33. .... De7—f7

In diesem Augenblick bot Rödl dem Gegner Remis an. Carls lehnte ab. Das bedeutet eine Überschätzung seiner Stellung, die sich bitter rächen soll.

34. Dg6—f7: ....

Nach 34. Dg6—e4 Df7—f5 ist der weiße Angriff geblockt.

34.	....	Tf8—f7:
35.	Tg4—g2	Td8—e8
36.	Tg2—e2	Tf7—f5
37.	Kh2—g3	Kh8—g8
38.	h3—h4	g7—g6
39.	Te2—h2	Kg8—f7
40.	h4—h5	....

Führt in Kürze zum Verlust. Jedoch wären auch anders die Aussichten Rödls höher einzuschätzen. Während die weißen Bauern auf dem Königsflügel zersprengt werden können, bleibt Schwarz im Besitze des unerschütterlichen Freibauern d4.

40.	....	g6—h5:
41.	Kg3—f2	Te8—g8
42.	Th2—g2	Tg8—g4:
43.	Tg2—h2	Tg4—f4:
44.	Tf3—f4:	Tf5—f4:
45.	Kf2—e2	Tf4—f5

Weiß gibt auf.

Die 14. Runde.

Der Stand der Spitzentabelle hat sich nicht verändert. Carls gewann, wenn auch erst nach auf- und abwogendem Kampfe, gegen Lachmann. Aber auch sein Rivale Lange konnte einen neuen Sieg buchen, und zwar über den Bayreuther Hahn, so daß der Abstand zwischen beiden führenden Meistern der gleiche blieb. Der Hamburger Reinhardt nahm seine Gewinnserie wieder auf, indem er in dieser Runde den Widerstand Wächters nach verhältnismäßig kurzem Kampfe brach. Sein Klubkamerad Heinicke lag währenddessen mit Rödl in einem schweren Gefecht, das sich erst nach langem Hin und Her in ein Remis auflöste. Antze gewann eine von eleganten Angriffswendungen getragene Partie gegen Borgardts. Weißgerber siegte in einer mit Schwung und Feinheit geführten Attacke gegen Schmitt, und Engels kam endlich einmal wieder zu einem Erfolge gegen Elstner. Heinrich schlug Krause. Die Partie John-Grohmann wurde unentschieden.

Die Ergebnisse: 1 Heinrich-Krause 0, 0 Wächter-Reinhardt 1, 1 Lange-Hahn 0, 1 Weißgerber-Schmitt 0, $^1/_2$ John-Grohmann $^1/_2$, 1 Dr. Antze -Borgardts 0, $^1/_2$ Dr. Rödl-Heinicke $^1/_2$, 0 Dr. Lachmann-Carls 1.

Stand: Carls $10^1/_2$, Lange 10, Heinicke, Reinhardt 9, Dr. Rödl $8^1/_2$, Dr. Antze, Elstner 8, John, Krause $7^1/_2$, Engels, Heinrich 7, Weißgerber $6^1/_2$, Grohmann, Hahn 6, Dr. Lachmann $5^1/_2$, Borgardts, Wächter 4, Schmitt $2^1/_2$.

Am Schluß dieser Tage wurde in stillem Kreise viel über die verschiedenen Anschauungen vom Wesen des Schachs diskutiert und hierbei auch auf

Äußerungen von Dichtern und Denkern darüber die Rede gebracht. Das Hin und Wider der Unterhaltung verdichtete sich zum Schluß zu einem Protest gegen einen ihrer Wortführer, nämlich zu einem

Protest gegen Edgar Allan Poe.

Der große Dichter des Grauens, der unübertroffene Zeichner fahler seelischer Untergründe, Edgar Allan Poe, hat sich in einer der bekanntesten seiner „Seltsamen Geschichten", nämlich in „Der Doppelmord in der Rue Morgue", eingehender über das Schachspiel geäußert.

„Die Fähigkeit zur Entwirrung von Knoten", so vernehmen wir, „kann durch das Studium der Mathematik noch gesteigert werden, vor allem durch das ihres wichtigsten Zweiges, den man seiner rückläufigen Schlüsse wegen als Analytik bezeichnet. Eine Kalkulation als solche ist freilich noch keine Analyse, was jeder Schachspieler beweist, der mühelos seine Züge berechnet, aber deshalb noch lange nicht analysiert."

Und gleich darauf: „Es sei mir deshalb der Hinweis erlaubt, daß die bedeutendsten Kräfte des reflektierenden Verstandes durch das bescheidene Damespiel entschieden lebhafter angeregt werden als durch die anstrengenden Belanglosigkeiten des Schachspiels. Bei diesem letzteren können bekanntlich die Figuren die mannigfaltigsten Bewegungen von sehr verschiedenem, ungleichem Werte ausführen, und die dadurch bedingte Kompliziertheit des Spiels wird häufig sehr mit Unrecht für Feinheit und Tiefe gehalten." „Beim Damespiel hingegen, das nur eine einzige Form des Zuges mit wenigen Variationen kennt, sind Unachtsamkeiten viel leichter vermeidlich. Der Vorteil, den ein Spieler über seinen Partner gewinnt, ist mehr eine Folge seiner geistigen Überlegenheit als seiner Aufmerksamkeit. Stellen wir uns einmal ein Schachbrett vor, auf dem sich zuletzt nur vier Damen befinden, so daß falsche Züge kaum vorkommen können. Es leuchtet ohne weiteres ein, daß nur ein ausgesucht feiner und kluger Zug eine solche Partie zu beenden vermag."

Und schließlich: „Lange Zeit war das Whistspiel berühmt wegen des Einflusses auf die rechnerischen Fähigkeiten; geistig sehr hochstehende Männer fanden in ihm ihre höchste Befriedigung, während sie das Schach als zu wenig gehaltvoll ablehnten. Die besten Schachspieler der christlichen Welt sind selten auch Meister auf anderem Gebiet, die Fertigkeit im Whist dagegen schließt Fähigkeiten ein, die sich bei jeder Art geistigen Kampfes erfolgreich bewähren."

Seltsame Geschichten erzählt uns Poe da. In einem Atemzuge redet er davon, daß der Schachspieler seine Züge mühelos berechnet, dann von anstrengenden Belanglosigkeiten und von der Kompliziertheit des Spiels. Ein kleiner Widerspruch immerhin! Dem Damespiel wird seine Einfachheit und als Folge davon nachgerühmt, daß Unachtsamkeiten viel leichter vermeidlich seien, und die geistige Überlegenheit sich markanter durchsetze. Wir für unseren Teil haben bisher immer geglaubt, daß Verstandesschärfe um so klarer hervortrete, je schwieriger die Verhältnisse sind! Und daß man von Tiefe da sprechen dürfe, wo es Mühe kostet, den Dingen auf den Grund zu kommen. Was wir vom Schachspiel wohl füglich sagen dürfen! Wenn Poe meint, der Schachspieler analysiere nicht, dann scheint er in der Schachpartie nichts weiter als ein spielerisches Jonglieren mit Möglichkeiten zu sehen, wie sie einem zufällig vor die Augen kommen. Er weiß nichts von der logischen Entwicklung eines Planes, er weiß nichts davon, daß wir von Zeit zu Zeit immer wieder mit heißem Bemühen die Stellungen auf ihre Bedingtheit untersuchen, d. h. also analysieren, um auf den Ergebnissen neue Entschlüsse zu gründen. Und ihm ist scheinbar die entscheidende Tatsache verborgen geblieben, daß das Schach erbittertster Kampf zweier Geister ist, und daß man hier in hervorragendem Maße die Elemente des Kampfes kennenlernen kann.

Wir dürfen getrost das Poesche Urteil über das Schach schroff ablehnen. Daß nach ihm geistig sehr hochstehende Männer das Schach als zu wenig gehaltvoll ablehnten, werden wir ertragen müssen. Napoleon war übrigens anderer Auffassung und empfahl seinen Generälen die Beschäftigung mit dem königlichen Spiel angelegentlichst. Einige Äußerungen großer Geister über das Schach, die auf uns gekommen sind, lassen doch den berechtigten Verdacht wach werden, daß sie es nur von ungefähr gekannt haben und daß sie es, weil es ihnen vermutlich zu viel Widerstand entgegensetzte, bald mißmutig wieder beiseite schoben. Auch Goethe gehört zu diesen zweifelhaften Kronzeugen der Poeschen Anschauung.

Die Schachgöttin ist ein sprödes Mädchen, das auch noch so stürmische Bewerbungen erst nach langer Zeit mit einem freundlichen Augenaufschlag belohnt. Was schließlich den Poeschen Satz betrifft, daß der beste Schachspieler „der christlichen Welt" selten auch ein Meister auf anderem Gebiete sei, so sollte man logisch als Nachsatz nun das Urteil erwarten, daß man solches vom besten Whistspieler sagen könne. Aber nichts davon!

Nr. 25. Damengambit.

	Weiß: Weißgerber	Schwarz: Schmitt
1.	d2—d4	Sg8—f6
2.	c2—c4	e7—e6
3.	Sb1—c3	d7—d5
4.	Lc1—g5	Sb8—d7
5.	e2—e3	c7—c6
6.	Sg1—f3	Dd8—a5
7.	Sf3—d2	Lf8—b4
8.	Dd1—c2	Sf6—e4
9.	Sd2—e4:	d5—e4:
10.	Lg5—h4	0—0
11.	Lf1—e2	e6—e5
12.	0—0	e5—d4:
13.	e3—d4:	....

(S. Stellungsbild)

13. .... g7—g5

Man glaubt im Manuskript der Partie zunächst nicht richtig gelesen zu haben, aber ganz deutlich steht's da g7—g5! Doch ein kurzes Sich-

besinnen gibt alsbald Aufschluß darüber, warum Schmitt so halsbrecherische Pfade aufsucht und so frühzeitig schon seine Königsstellung entblößt. Es ist die 14. Runde des Turniers, das Bestreben, vom Ende der Tabelle wegzukommen ist es, das ihn zum Kampf auf Biegen oder Brechen zwingt.

Nach Bogoljubow („Die moderne Eröffnung 1. d2—d4!“) soll 13. .... f7—f5 „zu einem Ausgleiche gerade noch genügend sein“. Bei näherer Prüfung der Cambridge-Springs-Variante entwickelt sich doch der Eindruck, daß die von Schmitt gewählte Spielweise 8. .... Sf6—e4 in Verbindung mit 11. .... e6—e5 der alten Fortsetzung 8. .... d5—c4: nicht völlig gleichwertig ist.

14. Lh4—g3 f7—f5
15. f2—f4 g5—g4

Auf 15. .... h7—h6 kann Weiß wahrscheinlich bereits mit Opferwendungen auf den Plan treten: 16. f4—g5: h6—g5: 17. Sc3—e4: f5—e4: 18. Tf1—f8: Lb4—f8: 19. Dc2—e4: (Sd7—f6 20. De4—g6† nebst Lg3—e5).

16. c4—c5 Lb4—c3:
17. b2—c3: b7—b6
18. Lg3—h4 Tf8—e8

Was Schwarz auch immer tun möge, die offene Königsstellung setzt ihn schwersten Gefahren aus. Z. B. 18. .... b6—c5: 19. Lh4—e7 Tf8—e8 20. Lc2—c4† Kg8—h8 21. Le7—d6 Lc8—a6 22. Dc2—e2 La6—c4: 23. De2—c4:. Der Springer kann sich nicht bewegen, um nicht Ld6—e5 zuzulassen, außerdem beherrscht Weiß die b-Linie und zum dritten hat er den Sprengungszug h2—h3 in Reserve.

19. h2—h3 h7—h5
20. h3—g4: h5—g4:
21. Kg1—f2! b6—c5:
22. Tf1—h1 ....

Droht Dc2—b3† Kg8—g7 (Kg8—f8, — Lh4—g5), Lh4—d8! Da5—d8:, Th1—h7†! Kg7—h7:, Db3—f7† nebst matt.

22. .... Sd7—f8
23. Lh4—f6 Lc8—e6
24. Lf6—e5 Ta8—d8

25. Le2—g4:! ....

Solche Stellungen spielt Weißgerber, als wenn er den Teufel im Leibe hätte.

25. .... f5—g4:
26. Dc2—e4: Te8—e7

Die Drohung war Th1—h8—h7†.

27. Th1—h8† Kg8—f7
28. Ta1—h1 Da5—a2‡
29. Kf2—g3 Da2—d5
30. Th1—h7† Kf7—e8
31. De4—g6† Te7—f7

Auf Le6—f7 gewinnt gleichfalls Th8—f8‡. Sucht der König sich über d7 zu retten, so bleibt Weiß nach 32. Th7—e7‡ Kd7—e7: 33. Dg6—g7 Le6—f7 34. Le5—f6† Ke7—d7 35. Lf6—d8: in entscheidendem Materialvorteil.

32. Th8—f8‡ Ke8—f8:

und Schmitt gab gleichzeitig auf, da ihn 33. Th7—h8† Kf8—e7 34. Dg6—g5† vernichtet.

Partiestellung Nr. 7.

Borgardts.

Dr. Antze.

Weiß hat sich Schritt für Schritt ein aussichtsreiches Spiel erkämpft. Er hat einen gedeckten Freibauern auf e5, die bessere Springerstellung und, wie sich gleich zeigt, die offensivere Turmstellung. Die Art, wie Antze seine Überlegenheit zum Ausdruck bringt, ist sehr anmutig.

33. Sd4—e6! ....

Schwarz muß sich nun gegen Tc2—c8† wehren. Die Prüfung der Möglichkeiten ergibt überraschenderweise das Ergebnis, daß eine befriedigende Antwort nicht vorhanden ist.

Z. B. I. 33. .... Da4—d7 34. Se6—g7:! Kg8—g7: 35. Tc2—c7 oder 34. .... Dd7—g7: 35. Tc1—g1.

II. 33. .... Da4—a6 34. Se6—g7:! Kg8—g7: 35. Tc2—c7† Kg7—h8 36. e5—e6!.

III. 33. .... Sh7—f8 34. Se6—g7:! Kg8—g7: 35. Tc2—c7† Kg7—h8 36. De3—g3.

Der von Borgardts versuchte Gegenzug läßt das gleiche Springeropfer wie in den eben gezeigten Abspielen zu.

33. .... Tb8—e8
34. Se6—g7:! Kg8—g7:
35. Tc2—c7† Kg8—h8

Nach g8 darf der König nicht wegen 36. De3—g3†, nach f8 nicht wegen 36. De3—c5† Kf8—g8 37. Dc5—d5‡ Kg8—h8 38. Dd5—f7.

36. e5—e6! ....

Das ist der Witz! Gegen De3—e5† gibt es keine Parade.

36. .... Sh7—f6
37. De3—e5 Te8—f8
38. e6—e7 Aufgegeben.

Die 15. Runde.

Eine Fülle von lebhaften Kampfpartien zeichnete diese Runde aus. Carls konnte seine Spitzenstellung mit sehr viel Glück befestigen, indem er über Heinrich zwar letzten Endes siegte, nicht ohne aber schon in der Eröffnung — wohlgemerkt: Carls in der Eröffnung — verloren gewesen zu sein. Inzwischen nämlich hatte sein schärfster Konkurrent, der Essener Lange, von Reinhardt eine schwere Niederlage hinnehmen müssen. Der Kampf dieser beiden Jungmeister und Feuerköpfe stand ganz im Vordergrunde des Interesses und wurde vom Publikum förmlich umlagert. Reinhardt griff an und behielt auch, nachdem die Mehrzahl der Figuren getauscht worden war, die Initiative. Schließlich drang er mit Dame und Turm in langer Stellung ein und siegte im Mattangriff. Eine ausgezeichnete Leistung! Zu beiden, die gemeinsam 10 Punkte erlangt hatten, schloß dann auch Heinicke auf. Er hatte es allerdings nicht ganz leicht, den Stolper Lachmann zu überwältigen, eine Zeitlang schien es sogar, als ob der letztere den Vorteil auf seiner Seite hätte. Er griff dann aber fehl, gestattete dem Gegner das Eindringen eines Turmes in sein Lager, verlor Bauern und in Auswirkung davon die Partie. Nach einer langen Verluststrähne vermochte endlich der Breslauer Schmitt einmal wieder seinen Namen in die Siegerliste einzutragen. Sein Opfer war Engels, der sich ein wenig allzu passiv verhielt und dem Gegner damit gewaltige Angriffschancen einräumte. Der Leipziger Krause brachte den erschöpften Wächter zu Strecke. In einer spannenden Partie behielt Dr. Rödl gegen Borgardts, der einen höchst gefährlichen Angriff insceniert hatte, die Oberhand. Elstner schlug den ganz zurückfallenden John. Die anderen beiden Partien wurden remis.

Die Ergebnisse: 1 Carls–Heinrich 0, 1 Heinicke–Lachmann 0, 0 Borgardts–Dr. Rödl 1, 1/2 Grohmann–Dr. Antze 1/2, 1 Elstner–John 0, 1 Schmitt–Engels 0, 1/2 Hahn–Weißgerber 1/2, 1 Reinhardt–Lange 0, 1 Krause–Wächter 0.

Stand: Carls 11 1/2, Reinhardt, Heinicke, Lange 10, Dr. Rödl 9 1/2, Elstner 9, Dr. Antze 8 1/2, Krause 8, John 7 1/2, Weißgerber, Engels, Heinrich 7, Grohmann, Hahn 6 1/2, Dr. Lachmann 5 1/2, Borgardts, Wächter 4, Schmitt 3 1/2.

Partiestellung Nr. 8.

Warum sollte Carls nicht auch einmal ausgesprochenes Glück haben? Er, der Zuverlässigste von allen, ein Muster der Gewissenhaftigkeit, stand nach 9 Zügen (!) auf Verlust, — und das in einer von ihm höchst eigenhändig gespielten Bremer Partie.

Bremer Partie.

	Weiß: Carls	Schwarz: Heinrich
1.	c2—c4	e7—e5
2.	Sb1—c3	g7—g6
3.	Sg1—f3	Lf8—g7
4.	d2—d4	e5—d4:
5.	Sf3—d4:	Sg8—e7

6.	e2—e4	d7—d6
7.	Lf1—e2	Sb8—c6
8.	Lc1—e3	f7—f5
9.	Dd1—d2?	....

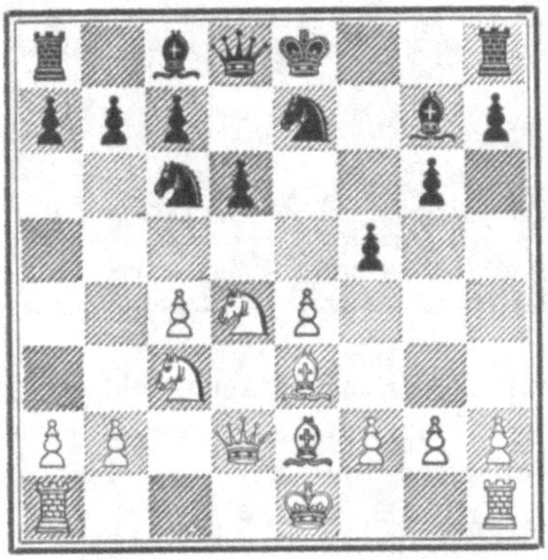

9.	....	0—0?

15 Runden sind gespielt, an mehreren Tagen sogar deren zwei. Naturnotwendig ergeben sich Ermüdungserscheinungen. Es gibt Fälle, in denen der Kritiker zu schweigen hat. Der Zug 9. .... f5—f4 gewann eine Figur ohne Gegenwert (10. Sd4—c6: f4—e3: 11. Sc6—d8: e3—d2‡ nebst Ke8—d8:).

10.	0—0—0	Sc6—d4:

Für f5—f4 ist es zu spät: 11. Sd4—c6: f4—e3: 12. Sc6—e7‡ usw.

11. Le3—d4:. Carls gewann die Partie. Wie sagte Moltke doch? „Glück hat auf die Dauer nur der Tüchtige.“

Nr. 26. Caro-Kann.

	Weiß: Reinhardt	Schwarz: Lange
1.	e2—e4	c7—c6
2.	d2—d4	d7—d5
3.	e4—d5:	c6—d5:
4.	c2—c4	Sg8—f6
5.	Sb1—c3	Sb8—c6
6.	Lc1—g5	d5—c4:

Lange hat sich dieser Spielweise mit Fleiß bedient und sie u. a. gegen den gleichen Gegner im Turnier zu Niendorf (Ostsee) 1934 mit gleichem negativem Erfolge angewandt. Etwas verdächtig ist die Variante sicherlich.

7.	d4—d5	Sc6—e5
8.	Dd1—d4	....

Sehr gut ist 8. Sg1—f3, denn gibt Schwarz das Springerschach auf d3, hat Weiß gegenüber der Partiefortsetzung ein Tempo gewonnen. Greift er aber zu der Fortsetzung 8. .... Lc8—g4, so entsteht nach 9. Lf1—e2 ein Partiebild, das Anklänge an gewisse Stellungen der Tarrasch-Verteidigung im Damengambit hat, nur mit umgekehrten Vorzeichen.

8.	....	Se5—d3‡
9.	Lf1—d3:	c4—d3:
10.	Sg1—f3	e7—e6
11.	Lg5—f6:	Dd8—f6:
12.	Dd4—d3:	Lf8—d6
13.	Sc3—e4	Df6—d8

Im letzten Augenblick bemerkt Lange, daß 13. .... Ld6—b4† (er hatte den Zug schon auf seinem Partieformular niedergeschrieben!) ein schreckliches Unglück heraufbeschwören würde. Es folgt 14. Ke1

—f1 Df6—e7 (der Läufer b4 muß in Ansehung des drohenden Dd3—b5† gedeckt werden, was durch Df6—b2: wegen Ta1—b1 nicht zu bewerkstelligen ist) 15. d5—d6 De7—d7 16. Sf3—e5 Dd7—a4 17. b2—b3 nebst d6—d7†. Dennoch wäre der Rückzug nach d8 besser durch Df6—e7 ersetzt worden, um die Rochade sicherzustellen. Der Bauernverlust 13. .... Df6—e7 14. Dd3—b5† Lc8—d7 15. Se4—d6‡ De7—d6: 16. Db5—b7: Ta8—b8 17. Db7—a7: Dd6—b4† 18. Ke1—f1 Db4—b2: hätte sich schon ertragen lassen.

14. Dd3—b5† Ke8—f8

Ein Königszug ist offensichtlich erzwungen.

15.	0—0	a7—a6
16.	Db5—b3	e6—d5:
17.	Se4—d6:	....

Weniger erfreulich wäre 17. Db3—d5: Ld6—h2‡.

17.	....	Dd8—d6:
18.	Ta1—d1	Lc8—e6
19.	Tf1—e1	b7—b5
20.	Sf3—d4	Ta8—e8
21.	Db3—f3	h7—h5
22.	Sd4—e6‡	Te8—e6:
23.	Te1—e6:	Dd6—e6:
24.	h2—h3	....

(S. Stellungsbild)

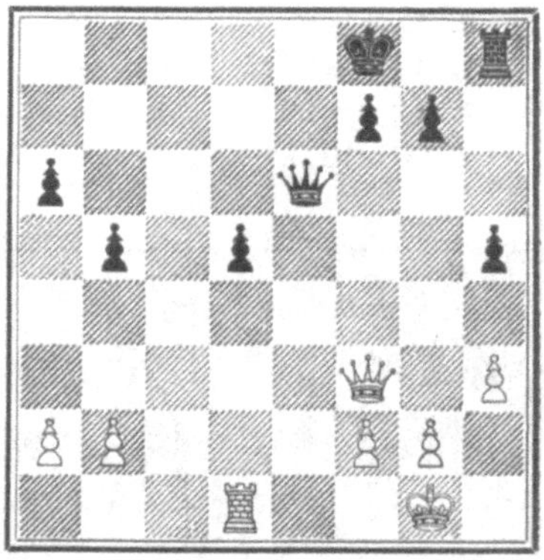

24. .... g7—g6

Schwarz ist nach dem Verlust der Rochade in keiner sehr angenehmen Lage geblieben. Seine Aufgabe war es, den Turm h8 zu mobilisieren. Der geschehene Zug schafft böse Löcher in der schwarzen Königsstellung und wäre besser, mag er auch nicht gerade der Verlustzug sein, unterblieben. Gut genug war 24. .... Th8—h6 25. Td1—d5: h5—h4.

25.	Td1—d5:	Kg8—g7
26.	Df3—c3†	Kg7—h7
27.	Dc3—d3	Kh7—g7
28.	Dd3—d4†	Kg7—h7
29.	Td5—d6	De6—a2:
30.	Dd4—f6	a6—a5
31.	f2—f4	Th8—c8

Von diesem Punkte ab wird die weiße Attacke übermächtig. 31. .... Da2—b1† 31. Kg1—h2 Db1—f5 war notwendig. Der streitbare Reinhardt nützt die Gunst der Lage kraftvoll aus.

32. Kg1—h2! Da2—c4

Um f4—f5 mit Dc4—f4† zu beantworten. Jedoch lenkt der feine Zug

33. b2—b3! ....

die schwarze Dame ab.

33.	....	Dc4—b3:
34.	f4—f5	Tc8—g8

35. Td6—d7 Kh7—h6

Oder 35. .... Tg8—g7 36. f5—g6‡ usw.

36. Td7—f7: Db3—e3
37. f5—g6: Tg8—g6:
38. Df6—h8† Kh6—g5
39. Tf7—f3 De3—b6
40. Tf3—g3† Kg5—h4

Das einzige war noch 40. ... Kg5—f4.

41. Tg3—g6: Db6—g6:
42. Dh8—d8† Aufgegeben.

42. .... Dg6—g5, — g2—g3 matt:

Nr. 27. Damenindisch.

Weiß:	Schwarz:
Borgardts	Dr. Rödl
1. d2—d4	....

Im Aachener Turnier wurden von insgesamt 153 Partien 35 mit dem Königsbauern, 86 mit dem Damenbauern eröffnet, während 32 in den c2—c4-Komplex fielen. Eine überwältigende Mehrheit also zugunsten der sogenannten „geschlossenen Partie“.

Triumpf des Zeitgeistes!

1. .... Sg8—f6
2. Sg1—f3 b7—b6
3. c2—c4 Lc8—b7
4. Sb1—c3 e7—e6
5. Lc1—g5 h7—h6
6. Lg5—h4 Lf8—e7
7. e2—e3 d7—d6
8. Lf1—d3 g7—g5
9. Lh4—g3 g5—g4
10. Sf3—d2 Lb7—g2:

Dieser mit dem 8. Zuge eingeleitete Bauerngewinn kostet Zeit und bedeutet vom objektiven Standpunkte für Schwarz keinen Zuwachs an Kraft. Eher im Gegenteil sogar. Es muß aber hier der Umstand ins Auge gefaßt werden, daß Rödl auf das dringendste der Punkte bedurfte, wenn er Aussichten auf einen der ersten drei Plätze behalten wollte. Er mußte also Wagnisse auf sich nehmen.

11. Th1—g1 Lg2—b7
12. Lg3—h4 h6—h5
13. Dd1—c2 Sb8—c6
14. 0—0—0 Dd8—d7
15. a2—a3 0—0—0
16. b2—b4 ....

Man sieht: Weiß hat das Angriffstempo und damit die Führung der Partie übernommen.

16. .... Kc8—b8
17. Sd2—b3 Sf6—g8

Besser wahrscheinlich Kb8—a8, um für den Springer c6 das Feld b8 freizumachen.

18. Lh4—g3 Le7—f6
19. Ld3—e4! Sc6—e7
20. Le4—b7: Kb8—b7:
21. c4—c5 d6—d5
22. b4—b5 ....

Jetzt wirds gefährlich!

22.	....	c7—c6
23.	a3—a4	Se7—f5
24.	Dc2—d3	Sf5—g3:
25.	h2—g3:	Lf6—e7
26.	Kc1—b2	Td8—b8
27.	Td1—c1	Kb7—a8
28.	b5—c6:	Dd7—c6:
29.	Sc3—b5	....

Die Öffnung der c-Linie, die hiermit herbeigeführt wird, sollte zum mindesten für Weiß die Garantie bieten, daß er die Partie nicht verliert. Es folgt jetzt ein ungemein scharfer Zusammenstoß.

29.	....	b6—c5:
30.	Sb3—c5:	a7—a6
31.	Sc5—b3	Dc6—b6
32.	Sb5—c7†	Ka8—a7
33.	a4—a5	Db6—b7
34.	Tc1—c2	Le7—d6

35.	Tg1—c1	....

Borgardts konnte seinen Bauern mit 35. Dd3—a6‡ Db7—a6: 36. Sc7—a6: Ka7—a6: 37. Tc1—c6† nebst Tc6—d6: bei sehr guter Stellung zurückgewinnen. Vermutlich hat er sich jedoch von der gegenwärtigen Lage mehr versprochen. Vielleicht gelingt ein großer Wurf und beflügelt ihn der Gedanke: Lieber einen Tag ein Löwe, als hundert Tage ein Lamm!

Mit Rücksicht auf die angegebene Wendung wäre übrigens schon statt 34. Tc1—c2 der Entfesselungszug Kb2—a2 am Platze gewesen, denn Schwarz hätte auch dann nichts besseres gehabt als 34. .... Le7—d6 (34. .... Le7—d8 — Sc7—e8!).

35.	....	Sg8—e7
36.	Kb2—a2	Ta8—c8
37.	Dd3—c3	Ld6—b4
38.	Dc3—d3	Lb4—d6
39.	Dd3—c3	Ld6—c7:
40.	Dc3—c7:	Tc8—c7:
41.	Tc2—c7:	Db7—c7:
42.	Tc1—c7‡	Tb8—b7
43.	Tc7—c1	Tb7—b5
44.	Ka2—a3	Se7—g8
45.	Tc1—c7†	Tb5—b7
46.	Tc7—c8	Sg8—e7
47.	Tc8—h8	Tb7—c7
48.	Th8—h5:	....

Sehr verwunderlich! Nichts war selbstverständlicher, als zunächst mit 48. Sb3—c5 dem schwarzen Turm den Weg zu verlegen. Der Bauer h5 entging ihm doch nicht (48. Sb3—c5 Se7—c6 49. Ka3—a4 e6—e5 50. Th8—h5:). Rödl hätte dann von neuem anfangen müssen zu experimentieren, um eine ungewinnbare Stellung zu gewinnen.

48.	....	Tc7—c2
49.	Th5—h2	Se7—f5!

Droht Sf5—e3:.

50. Th2—h7 Sf5—d6
51. Sb3—c5 Tc2—f2:
52. Sc5—e6: Tf2—f3
53. Se6—f4 Tf3—e3‡
54. Ka3—b4 Te3—g3:
55. Sf4—d5: Tg3—f3
56. Th7—g7 g4—g3
57. Sd5—c3 Ka7—b7
58. Sc3—e2 Sd6—e4
59. d4—d5 Kb7—c8!

Um den f-Bauern beweglich zu machen.

60. Kb4—c4 f7—f6!
61. Kc4—d4 Se4—g5
62. Kd4—c5 Kc8—d8!
63. Se2—d4 Tf3—c3†
64. Kc5—d6 Kd8—e8
65. Sd4—f5 Ke8—f8
66. Tg7—g6 g3—g2
67. Sf5—h6 ....

Bis zum Ende eine interessante Partie. Diesen Gewinnzähler hat Rödl wahrlich aus dem Feuer holen müssen. Die Schachs nach 67. Tg6—f6: hätten sich bald erschöpft.

67. .... Sg5—e4†
68. Kd6—e6 Tc3—g3

Weiß gibt auf.

Schlußstellung.

Die 16. Runde.

Die letzten Kraftreserven werden eingesetzt. Wer fällt, bleibt liegen! In der Partie Carls–Heinicke sah es lange bedrohlich für den letzteren aus. Er mußte, um Schlimmeres zu verhüten, eine Figur preisgeben; dann aber stemmte er sich mit lobenswerter Energie allen Gewinnversuchen seines Gegners entgegen und fand sein Bemühen mit einem „Unentschieden" belohnt.

Der Hamburger Reinhardt ist nicht mehr zu halten und wer weiß, was werden würde, wenn dieses Turnier noch einige Runden dauerte. Heute zerschmetterte er den Saarbrücker Weißgerber, der sich zunächst zwar eine aussichtsreiche Stellung aufgebaut hatte, dann aber einem Durchbruch in der Mitte erlag.

Lange, bis vor kurzem noch der viel beneidete Konkurrent Meister Carls', mußte ein zweites Mal den Kummer einer Niederlage erfahren. Er versuchte seine Partie gegen Krause zu komplizieren, wich unvorsichtigerweise dem Damentausch aus und verlor dann infolge einer Mattdrohung Kopf und Kragen. Er ist mit dieser Niederlage auf den fünften Platz zurückgefallen.

Der Altmeister John, der zu Beginn des Turniers Partie um Partie gewann, ist in der zweiten Hälfte ganz außer Form geraten. Heute mußte er sich dem Breslauer Schmitt beugen, der sich in den letzten Stunden der Aachener Kämpfe ein wenig auf sein Können besinnt.

Elstner gewann nach einem lange Zeit hindurch zweifelhaften Kampfe gegen Antze durch ein witziges Schlußspiel, Rödl schlug Grohmann, Borgardts siegte gegen Lachmann, Hahn gegen Engels und Wächter gegen Heinrich.

Siebenmal gewannen diesmal die Schwarzen!

Die Ergebnisse: 0 Heinrich–Wächter 1, 0 Lange–Krause 1, 0 Weißgerber–Reinhardt 1, 0 Engels–Hahn 1, 0 John–Schmitt 1, 0 Dr. Antze–Elstner 1, 1 Dr. Rödl–Grohmann 0, 0 Dr. Lachmann–Borgardts 1, $^1/_2$ Carls–Heinicke $^1/_2$.

Stand: Carls 12, Reinhardt 11, Dr. Rödl, Heinicke $10^1/_2$, Lange, Elstner 10, Krause 9, Dr. Antze $8^1/_2$, Hahn, John $7^1/_2$, Weißgerber, Engels, Heinrich 7, Grohmann $6^1/_2$, Dr. Lachmann $5^1/_2$, Borgardts, Wächter 5, Schmitt $4^1/_2$.

Partiestellung Nr. 9.

Elstner.

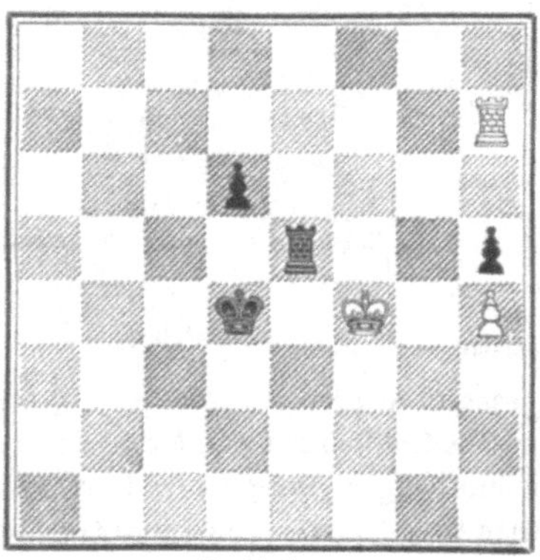

Dr. Antze.

79.	....	Te5—e4†
80.	Kf4—g5	Te4—e5†
81.	Kg5—g6	....

Weiß hat ausgerechnet, daß er nach etwaigem Turmtausch auf h5 gleichzeitig mit dem Gegner zu einer neuen Dame kommen wird, und hat sich weiter keine Sorgen darüber gemacht, was danach geschehen könnte. Ein tückischer Zufall will es, daß er in eine nicht gerade häufige, typische Verluststellung gerät. Geboten war die Rückkehr des Königs nach f4.

81.	....	Kd4—e4
82.	Th7—h5:	Te5—h5:
83.	Kg6—h5:	Ke4—f5!
84.	Kh5—h6	d6—d5
85.	h4—h5	d5—d4
86.	Kh6—g7	d4—d3
87.	h5—h6	d3—d2
88.	h6—h7	d2—d1D
89.	h7—h8D	....

89.	....	Dd1—d7†

Weiß ist ohne Rettung. I. 90. Kg7—h6 Dd7—e6† 91. Kh6—g7 De6

—e7† 92. Kg7—h6 De7—g5† nebst matt. II. 90. Kg7—f8 Dd7—d8† 91. Kf8—g7 92. Dd8—e7† Kg7—h6 93. De7—g5†. III. 90. Kg7—g8 Kf5—g6!.

Antze gab daher auf. Pech!

Partiestellung Nr. 10.

Heinicke.

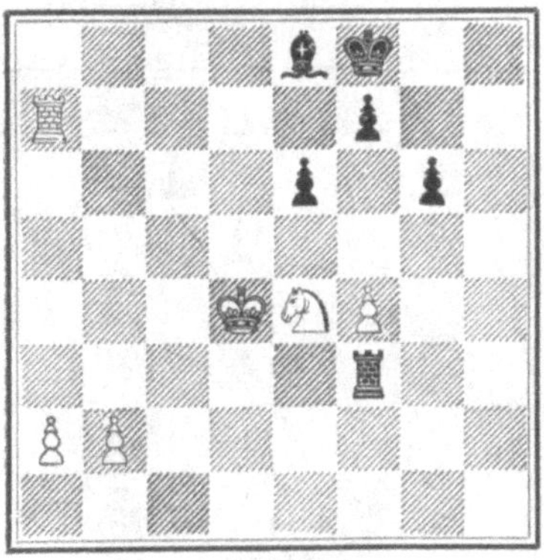

Carls.

1. Kd4—e5 ....

Heinickes Lage ist mißlich. Der weiße Springer will nach d6, wonach Figurengewinn durch Ta7—a8 oder für den Fall von Le8—c6 Bauerngewinn durch Ta7—f7‡ in Aussicht steht. Gegendrohung ist für Weiß das alleinige Mittel, sich zu halten.

39.	....	Tf3—e3
40.	Ke5—d4	Te3—f3
41.	Se4—d6!	Tf3—f4‡
42.	Kd4—e5	Tf4—f2
43.	Ta7—a8	Tf2—e2†
44.	Ke5—f6	Te2—f2†
45.	Kf6—e5	Tf2—e2†
46.	Ke5—f4	Kf8—e7:

Ein Zug von Bedeutung. Schwarz darf auf b2 nicht sofort zugreifen, weil sein König durch 47. Ta8—e8‡ vom Damenflügel abgedrängt wird und sich nicht mehr am Kampfe gegen den weißen a-Bauern beteiligen kann.

47.	Sd6—e8:	Te2—b2:
48.	a2—a4	f7—f6
49.	a4—a5	g6—g5†

Die schwarzen Bauern fangen an, ein Machtfaktor zu werden.

50.	Kf4—g4	Tb2—b4†
51.	Kg4—h5	g5—g4
52.	Kh5—h4	f7—f5
53.	a5—a6	Ke7—d7!
54.	Se8—g7	....

Der Versuch 54. a6—a7 bringt auch nichts mehr ein: 54. .... Tb4—a4 55. Se8—d6 Kc6—d6: 56. Ta8—d8† Kd6—e5 57. a7—a8D Ta4—a8: 58. Td8—a8: Ke5—f4 59. Ta8—a4† Kf4—f3 remis.

54.	....	Tb4—a4
55.	Sg7—e6:!	....

Noch eine hübsche Falle. Wenn jetzt 55. .... Ke7—e6:, so 56. a6—a7 (droht Ta8—e8†) Ke6—d7, e7 oder f7 57. Ta8—h8!, und Weiß gewinnt.

55.	....	Kd7—c6!
56.	a6—a7	Kc6—b7

Unentschieden.

Nr. 28. Damengambit.

	Weiß: Lange	Schwarz: Krause
1.	d2—d4	d7—d5
2.	Sg1—f3	Sg8—f6
3.	c2—c4	e7—e6
4.	Lc1—g5	Lf8—e7
5.	e2—e3	0—0
6.	Sb1—c3	Sb8—d7
7.	Ta1—c1	c7—c6

8. Dd1—c2 h7—h6!
9. Lg5—h4 ....

„Schwarz tut gut daran, zunächst 8. .... h7—h6 zu ziehen. Antwortet Weiß darauf 9. Lg5—f4, so kann sich Schwarz bereits mit c6—c5! 10. d4—c5: (10. c4—d5: c5—d4: 11. e3—d4: Sf6—d5: 12. Sc3—d5: e6—d5: 13. a2—a3 Dd8—a5 14. Lf4—d2 Da5—b6 usw.) Sd7—c5: 11. c4—d5: Sf6—d5: 12. Sc3—d5: e6—d5: 13. a2—a3 Lc8—g4 14. Lf1—e2 Sc5—e6 15. Lf4—e5 Le7—f6 16. 0—0 Lg4—f3: 17. Le5—f6: Dd8—f6: 18. Le2—f3: d5—d4! usw. befreien." (Bogoljubow.)

9. .... a7—a6
10. a2—a3 Tf8—e8
11. h2—h3 ....

Mit Recht hat man dieser Zugfolge den Namen Tempokampfvariante gegeben. Schwarz will erst d5—c4: spielen, wenn Weiß Lf1—d3 gezogen hat, damit für diesen ein Tempo verloren geht. Nach 11. h2—h3 — von Aljechin angegeben — hat Schwarz jedoch keinen rechten Abwartezug mehr. Er steht übrigens auch gut genug.

11. .... d5—c4:
12. Lf1—c4: b7—b5
13. Lc4—a2 c6—c5
14. d4—c5: Sd7—c5:
15. 0—0 Lc8—b7
16. La2—b1 Sc5—e4
17. Tf1—d1 Dd8—b6
18. Sf3—e5 g7—g5

Scharf gespielt. Gestützt auf den Punkt e4 kann Schwarz sich das erlauben.

19. Lh4—g3 Ta8—c8
20. Kh1—g2 b5—b4

Es ist nicht einzusehen, weshalb Krause hier nicht die Gelegenheit zu Bauerngewinn ausbeutet: 20. .... Tc8—c3: 21. b2—c3: Le7—a3:. Die Fortsetzung 22. Se5—d7 Sf6—d7: 23. Td1—d7: La3—c1: 24. Dc2—c1: Se4—g3: 25. f2—g3: Db6—c6 oder Te8—d8 könnte Schwarz nur angenehm sein.

21. a3—b4: Le7—b4:

22. Sc3—e4:! ....

Sehr richtig. Das Schlagen der Dame würde Schwarz schlecht bekommen, da der Gegner nach 22. .... Tc8—c2: 23. Se4—f6† Kg8—h8 (Kg8—g7, — Sf6—e8†) 24. Tc1—c2: Turm und zwei Springer als Gegenleistung empfinge. Das ist des Guten zuviel.

22. .... Sf6—e4:
23. Dc2—e2 Se4—g3:
24. f2—g3: Db6—b5
25. Tc1—c8: ....

Lange will durchaus im Angriff gewinnen, bewirkt aber durch diese Hergabe der Dame gegen die beiden Türme das Gegenteil. Das einfache Eingehen auf den angebotenen Damentausch versprach Vorteil: 25. De2—b5: a6—b5: 26. Tc1—c8:! Lb7—c8: (26. .... Te8—c8:, — 27. Td1—d7!) 27. Lb1—d3 Lc8—a6 (27. .... Te8—d8, — 28. Se5—c6) 28. Td1—a1. Es ist merkwürdig, daß Lange die andere Spielweise wählt, obwohl eigentlich nicht schwer zu erkennen war, daß sie weniger wert war. Der Schluß ist leicht verständlich.

25. .... Db5—e2:!
26. Tc8—e8✝ Kg8—g7
27. Td1—g1 Lb4—d6!
28. Se5—g4 h6—h5
29. Te8—d8 Ld6—g3✝
30. Kh2—g3: h5—g4:
31. e3—e4 De2—e3✝
32. Kg3—h2 g4—g3†
33. Kh2—h1 g5—g4
34. Tg1—f1 g4—h3:
35. Lb1—d3 Lb7—e4:
36. Ld3—e4: De3—e4:
37. Tf1—g1 h3—g2✝

Aufgegeben (38. Tg1—g2:, — De4—h4†).

Die 17. und letzte Runde.

Ein wilder Kampf um den 2. und 3. Platz bildete den Ausklang des gewaltigen Ringens in Aachen. Carls steuerte seine Partie gegen Borgardts bald sicher in den Remishafen und durfte sich im Glanz seiner neuen Würde eines „Meisters von Deutschland" sonnen, während die anderen noch über das Brett gebeugt saßen. Ein tragisches Ende nahm die Partie Heinicke-Heinrich. Schon hatte jener einen erheblichen Stellungsvorteil erkämpft und wähnte sich bereits auf der via triumphalis, als er im entscheidenden Zeitpunkt der Partie allzu rasch zugriff und einen ganzen Turm einbüßte. Auch seinem Stammesgenossen Reinhardt wäre um ein Haar das gleiche widerfahren. Er hatte durch ein Versehen gegen Engels eine Figur eingebüßt und stand zum Steinerweichen schlecht. Aber sein Tun in Aachen war sichtbar gesegnet, Engels revanchierte sich durch einen noch gröberen Bock und verlor gar noch. In der wichtigen Partie Elstner-Dr. Rödl ging es hart her. Der Berliner hat etwas Druck gegen die gegnerische Stellung, gerät aber bei der Abwicklung auf Abwege und muß froh sein, als Rödl ihm Remis anbietet.

Krause gewann durch umsichtiges Spiel gegen Weißgerber und erklimmt damit den unerwartet hohen 7. Platz. Hahn sichert sich durch einen Sieg über John 50% der Punktzahl.

Die anderen, für den Ausgang nicht mehr entscheidenden Partien endeten unentschieden.

Die Ergebnisse: 0 Heinicke-Heinrich 1, ½ Borgardts-Carls ½, ½ Grohmann-Dr. Lachmann ½, ½ Elstner-Dr. Rödl ½, ½ Schmitt-Dr. Antze ½, 1 Hahn-John 0, 1 Reinhardt-Engels 0, 1 Krause-Weißgerber 0, ½ Wächter-Lange ½.

Schlußstand: Carls 12½, Reinhardt 12, Dr. Rödl 11, Lange, Heinicke, Elstner 10½, Krause 10, Dr. Antze 9, Hahn 8½, Heinrich 8, John 7½, Engels, Weißgerber, Grohmann 7, Dr. Lachmann 6, Borgardts, Wächter 5½, Schmitt 5.

Nr. 29. Holländisch.

Weiß:	Schwarz:
Hahn	John

Nach den Zügen 1. d2—d4 e7—e6 2. c2—c4 f7—f5 3. Sg1—f3 Sg8—f6 4. a2—a3 b7—b6 5. g2—g3 Lc8—b7 6. Lf1—g2 Lf8—e7 7. 0—0 0—0 8. b2—b4 a7—a5 9. b4—b5 Sf6—e4 10. Dd1—c2 Le7—f6 11. Lc1—b2 Dd8—c8 12. Tf1—d1 d7—d6 13. Sb1—d2 Sb8—d7 14. Ta1—c1 g7—g6 15. Sf3—e1 Se4—d2: 16. Dc2—d2: Lb7—g2: 17. Se1—g2: Dc8—e8 18. a3—a4 Ta8—d8 19. Dd2—c2 De8—f7 20. Lb2—a3 Lf6—e7 21. f2—f3 e6—e5 22. La3—b2 e5—d4: 23. Lb2—d4: Le7—f6 24. Ld4—f2 Td8—e8 25. Sg2—e3 Lf6—g5 26. f3—f4 Lg5—d8 27. Se3—d5 Te8—e4 28. Lf2—d4 Tf8—e8 29. e2—e3 h7—h5 30. h2—h3 Sd7—f8 31. Dc2—b2 Sf8—e6 32. Ld4—f6! Te4—e3: 33. Lf6—d8: Se6—d8: 34. Sd5—f6† Kg8—f8 35. Sf6—e8: Te3—e8: 36. Tc1—e1 Sd8—e6 37. Tc1—c2 Se6—g7 38. Te1—e8: Kf8—e8: 39. Tc2—e2† Ke8—d7 40. Db2—d4 Sg7—e6 41. Dd4—d5 Df7—f6 42. Kg1—g2 h5—h4 war die nachstehende Stellung entstanden:

Ohne neue Linienöffnung kommt Weiß bei der Starre der Bauernaufstellung auf dem Damenflügel nicht weiter. Daher

43.	c4—c5!	b6—c5:

Der Springer darf seinen Posten nicht verlassen, denn auf 43. .... Se6—c5: folgt 44. Dd5—c6† nebst Matt.

44.	Dd5—c6†	Kd7—d8
45.	b5—b6!	Df6—c3
46.	b6—c7‡	Se6—c7:
47.	Dc6—d6‡	Kd8—c8
48.	g3—h4:	....

Das Ziel ist erreicht. Der Endkampf ist aber noch äußerst lebhaft.

48.	....	Dc3—c4
49.	Te2—b2	Dc4—e4†
50.	Kg2—f2	De4—a4:
51.	Dd6—f8†	Kc8—d7
52.	Df8—f7†	Kd7—c8
53.	Df7—g8†	Kc8—d7
54.	Tb2—d2†	Kd7—c6
55.	Dg8—g6‡	Kc6—b5
56.	Td2—b2†	Kb5—c4
57.	Dg6—f5:	Kc4—c3

Er will 58. Df5—e5† mit Da4—d4† parieren und dann noch im Endspiel sein Heil versuchen (59. De5—d4‡ c5—d4: 60. Tb2—b8 Sc7—d5).

58.	Tb2—e2	....

Damit droht Df5—e5† Da4—d4†, Te2—e3†.

58.	....	Da4—d4†
59.	Kf2—f3	a5—a4

Schwarz muß das Schach auf c2 zulassen (59. .... Dd4—a4, — 60. Df5—c5‡), wenn anders er nicht die Dame tauschen will, was indessen ebenso hoffnungslos ist. Z. B. 59. ....

Dd4—d5† 55. Df5—d5: Sc7—d5: 56. h4—h5 a5—a4 57. h5—h6 Sd5—f6 58. Te2—e6 Sf6—h7 59. Te6—e7 usw.

60.	Df5—c2†	Kc3—b4
61.	Te2—e4	Sc7—b5
62.	Dc2—b2†	Kb5—c4
63.	Te4—d4‡	c5—d4:
64.	h4—h5	a4—a3
65.	Db2—a2†	Kc4—b4
66.	h5—h6	Aufgegeben.

Partiestellung Nr. 11.

Wir verabschieden uns vom Leser mit einer Partiestellung, die in fast tragischer Weise versinnbildlicht, bis zu welcher Siedehitze in dieser letzten Runde die Spannung insbesondere bei denen, die noch irgend Aussichten auf einen der ersten Plätze hatten oder deren ruheloser Ehrgeiz mit aller Gewalt noch den Stand in der Tabelle verbessern wollte, gestiegen war. Was Wunder, daß das in Wallung geratene Gemüt manche der Kämpfer sehenden Auges nicht sehen ließ!

Engels.

Reinhardt.

25.	Sg4—e3?	....

Stellt eine Figur ein. Ein bitterer Augenblick für Reinhardt, denn verlor er diese Partie, konnte durchaus der Fall eintreten, daß er keinen der ersten drei so heiß begehrten Plätze gewann.

25.	....	g7—g5
26.	Lf4—g5:	f6—g5:
27.	Dg3—g5:	Dc7—e7
28.	Dg5—h5	De7—e5
29.	Se3—f5	Sb6—d7
30.	Ta1—d1	Sd7—f6
31.	Dh5—f7	Ta8—d8
32.	Df7—a7	Td8—d7
33.	Da7—a5:	Sf6—e4:
34.	Sf5—e3	Se4—c3
35.	Se3—g4	De5—e1‡
36.	Td1—e1:	Te8—e1‡
37.	Kg1—h2	Kg8—g7
38.	Da5—a8	Td7—f7
39.	Da8—d8	Lf8—e7
40.	Dd8—e8	Le7—h4
41.	Sg4—e3	....

Keinen Pfifferling war das Leben Reinhardts mehr wert. In dieser Stellung war für Schwarz ungefähr jeder Zug siegreich. In der Erregung höchster Zeitnot aber verfällt Engels auf — — — — ja, auf einen Zug, der Reinhardt wie ein Geschenk des Himmels vor die Füße gefallen sein mag.

41.	....	Sc3—e4!!
42.	De8—e4:	Lh4—f2
43.	Se3—f5†	Kg7—f8
44.	De4—f4	....

Nun leuchtet die Sonne wieder hell und freundlich für Reinhardt über dem Kampffelde. Die Drohung Df4—d6‡ gewinnt ihm die Partie.

Engels jedoch wird Trost in der Gewißheit gefunden haben, daß alles Geschehen der Wandelbarkeit unterworfen ist, daß uns Allen Zeiten des Glücks und des Erhobenwerdens zugeteilt sind, — wenn wir nicht blind an ihnen vorübergehen.

44.	....	Lf2—g1†
45.	Kh2—g3	Te1—e3†
46.	Kg3—h4	Tf7—f6
47.	Df4—g4	Tf6—g6
48.	Sf5—e3:	....

Das Endspiel ist mit zwei Bauern mehr eine sichere Beute des Weißen. Engels gab darum auf.

Partienverzeichnis.

(Die arabischen Ziffern geben die Nummern der Partien, die römischen die der Partiestellungen an.)

Dr. Antze:

— Hahn I
Reinhard — 4
— Lange 10
Weißgerber — III
Dr. Lachmann — 21
— Borgardts VII
— Elstner IX

Borgardts:

Heinicke — 2
— Weißgerber 20
Dr. Antze — VII
Dr. Rödl — 27

Carls:

— Grohmann 1
— Schmitt 5
Hahn — 9
— Dr. Rödl 24
— Heinrich VIII
— Heinicke X

Elstner:

— Grohmann 11
Dr. Antze — IX

Engels:

Wächter — 3
Weißgerber — 7
Heinicke — 22
Grohmann — 23
Reinhardt — XI

Grohmann:

Carls — 1
Elstner — 11
Reinhardt — IV
— Krause 17
— Engels 23

Hahn:

Dr. Antze — I
— Carls 9
Heinrich — 19
— John 29

Heinicke:

— Borgardts 2
Reinhardt — 13
— Krause 14
Wächter — 16
— Engels 22
Carls — X

Heinrich:

— Schmitt 15
— Hahn 19
Carls — VIII

John:

— Wächter 6
Lange — 8
Dr. Rödl — 18
— Dr. Lachmann VI
Hahn — 29

Krause:
Heinicke — 14
Grohmann — 17
Lange — 28

Dr. Lachmann:
Reinhardt — II
John — VI
— Dr. Antze 21

Lange:
— John 8
Dr. Antze — 10
— Dr. Rödl 12
Reinhardt — 26
— Krause 28

Reinhardt:
— Dr. Antze 4
— Dr. Lachmann II
— Heinicke 13
— Grohmann IV
— Schmitt V
— Lange 26
— Engels XI

Dr. Rödl:
Lange — 12
— John 18
Carls — 24
— Borgardts 27

Schmitt:
Carls — 5
Heinrich — 15
Reinhardt — V
Weißgerber 25

Wächter:
— Engels 3
John — 6
— Heinicke 16

Weißgerber:
— Engels 7
— Dr. Antze III
Borgardts — 20
— Schmitt 25

Schach Literatur

AUS DEM VERLAGE WALTER DE GRUYTER & Co BERLIN W10 / LEIPZIG

Auswahl.

ABC des Schachspiels. Anleitung zur raschen Erlernung der Schachspielkunst und Einführung in die Problemkomposition. Von J. Minckwitz. 4., von R. Max Blümich völlig umgearbeitete Auflage. Oktav. VIII, 166 Seiten. 1925. 4.—, geb. 5.—

Die Schachschule. Leichtfaßlicher Lehrgang zur raschen und gründlichen Erlernung des Schachspiels. Von Johannes Metger. 2., verbesserte Auflage. Oktav. VIII, 110 Seiten. 1925. 2.50, geb. 3.50

Schachschule für Anfänger s. Veits Kleine Schachbücherei Heft 4. (S. 3 des Prospektes)

Die Schachpartie. Leichtfaßlicher Katechismus, die Schachspielkunst nach neuer Methode schnell, gründlich und bequem zu erlernen. Von Franz Gutmayer. 2., völlig umgearbeitete und vermehrte Auflage. Mit einem Titelbild (Wettkampf Anderssen-Morphy), 11 Abbildungen im Text und 443 Diagrammen. Groß-Oktav. VIII, 214 Seiten. 1920. 4.20, geb. 5.—

Handbuch des Schachspiels. Von P. R. von Bilguer (v. d. Lasa). 8., von Carl Schlechter unter Mitwirkung fachmännischer Autoritäten neubearbeitete Auflage. Mit dem Bildnis von P. R. von Bilguer und vielen Diagrammen. Unveränderter Neudruck. Lexikon-Oktav. XI, 1040 und 232 Seiten. 1922. — **Mit Nachtrag,** umfassend die Jahre 1916 bis 1929. Von Hans Kmoch. 36.—, geb. 38.—

Grundzüge der Schachstrategie. Von J. R. Capablanca, Weltschachmeister. Autorisierte deutsche Übersetzung, besorgt von Professor Dr. G. Wiarda. Mit 150 Diagrammen. Oktav. VI, 144 Seiten. 1927. 5.—, geb. 6.—

Das Mittelspiel im Schach. Von Eugen Snosko-Borowsky. Aus dem Englischen übersetzt von Dr. Christoph Jobst und Dr. Friedrich Palitzsch. Mit 100 Diagrammen. Oktav. VIII, 180 Seiten. 1926. 7.—, geb. 8.50

Theorie und Praxis der Endspiele. Ein Handbuch für Schachfreunde. Von Johann Berger. 2. Auflage, mit neuem und erweitertem Text. Groß-Oktav. VIII, 588 Seiten. 1922. Mit Nachtrag 1922—1933. 13.—, geb. 14.50

Nachtrag, umfassend die Jahre 1922—1933 1.—

Endspielstudien. Von Johann Sehwers. Mit einem Bildnis. Oktav. XVII, 88 Seiten. 1922. 3.—

Streifzüge durch das Gebiet des Schachproblems. Von Dr. Hermann von Gottschall. Mit dem Bildnis des Verfassers und 783 Diagrammen. Oktav. VIII, 246 Seiten. 1926. 12.—, geb. 13.50

Der Weg zur Meisterschaft. Anleitung zur musterhaften Führung von Schachpartien auf neuer Grundlage. Von Franz Gutmayer. 4., völlig umgearbeitete und verbesserte Auflage. Mit Titelbild (Paul Morphy), 7 Abbildungen im Text und vielen Diagrammen. Oktav. VIII, 182 Seiten. 1923. 4.—, geb. 4.80

Turnierpraxis. Ein Buch für ernstes Spiel. Von Franz Gutmayer. Mit vielen Diagrammen und einem Bildnis. Oktav. VII, 134 Seiten. 1922. 3.60, geb. 4.20

Auf dem Wege zur Weltmeisterschaft (1923—1927). Von A. Aljechin (Alekhine). Mit einem Titelbild und vielen Diagrammen. Oktav. IV, 226 Seiten. 1932. 8.—, geb. 9.—

Meine besten Partien (1908—1923). Von A. Aljechin. Mit einer Einleitung: „Aljechins Schaffen" von Dr. S. Tartakower. Mit einem Titelbild und zahlreichen Diagrammen. Groß-Oktav. IV, 240 Seiten. 1929. 10.—, geb. 11.—

Paul Morphy. Sammlung der von ihm gespielten Partien. Mit ausführlichen Erläuterungen. Von Géza Maróczy. Mit einem Titelbild, 7 Abbildungen im Text und vielen Diagrammen. 2., völlig umgearbeitete Auflage. Groß-Oktav. X, 290 Seiten. 1925. 8.—, geb. 9.50

Das New-Yorker Schachturnier 1927. Ein Vorspiel zum Weltmeisterschaftswettbewerb in Buenos Aires. Von A. Aljechin (Alekhine). Mit vielen Diagrammen. Oktav. 176 Seiten. 1928. 6.50, geb. 7.50

Das Großmeister-Turnier New York 1924. Im Auftrage des Turnier-Komitees bearbeitet von A. Aljechin (Alekhine). Mit 11 Bildnissen und vielen Diagrammen. XX, 337 Seiten. 1925. 12.50, geb. 14.—

Radio-Schach. Leichtfaßliches Lehrbuch für Funkhörer. Von Edmund Nebermann, Erster Schachfunkleiter, Berlin. Mit Schachspiel. Oktav. VIII, 62 Seiten. 1926. Geb. 3.—

Lachschach. Von Paul Schellenberg. Mit zahlreichen Diagrammen. 2., veränderte Auflage. Klein-Oktav. IV, 157 Seiten. 1921. 2.50, geb. 3.—

VEITS KLEINE SCHACHBÜCHEREI

Herausgegeben von Dr. Fr. Palitzsch.

Die Bedeutung des Schachs. Von Dr. H. V. Klein und Dr. F. Palitzsch. Oktav. 28 Seiten. 1924. (Heft 1.) —.75

Das Damengambit und Damenbauernspiel. Von Kurt Emmrich. Mit 30 Partien und 75 Diagrammen. Oktav. 92 Seiten. 1924. (Heft 2.) 2.—

Die unregelmäßigen Verteidigungen der Damenbauereröffnungen. Von Kurt Emmrich. Mit 25 Partien und 52 Diagrammen. Oktav. 66 Seiten. 1924. (Heft 3.) 1.50

Schachschule für Anfänger. Von Dr. Friedrich Palitzsch. Oktav. 98 Seiten. 1925. (Heft 4.) 2.50, geb. 3.—

Die unregelmäßigen Spielanfänge. Von Kurt Emmrich. Mit 25 Partien und 60 Diagrammen. 72 Seiten. 1925. (Heft 5.) 2.20

Klassische Schachpartien aus modernen Zeiten. Bearbeitet von E. Bogoljubow.

I. Teil: 1919—1920. Mit einem Bildnis und 42 Diagrammen. Oktav. 51 Seiten. 1926. (Heft 6.) 2.50

II. Teil: 1920—1921. Mit 54 Diagrammen. Oktav. 65 Seiten. 1926. (Heft 7.) 3.—

III. Teil: 1921—1922. Mit 46 Diagrammen. Oktav. 56 Seiten. 1928. (Heft 11.) 2.50